新能源材料与器件基础

范金成　陈传盛　编著

北京理工大学出版社
BEIJING INSTITUTE OF TECHNOLOGY PRESS

内 容 简 介

本书系统地介绍了新能源材料与器件的基本原理，首先是锂离子电池材料与器件，然后分别介绍了超级电容器、太阳能电池和燃料电池材料与器件，最后讲述了氢能材料与器件原理和研究成果。本书特别注重引入新能源材料与器件的最新研究成果，其特色在于：理论知识和实践应用并重，注重实际应用的分析评述，提高读者分析问题和解决问题的能力。

本书不仅可作为高等院校本科材料类专业的教材，还可作为对新能源材料与器件感兴趣的非专业人员，以及从事相关研究或生产的科技工作者、高等院校相关专业师生、科研院所研究员的参考书。

图书在版编目（CIP）数据

新能源材料与器件基础／范金成，陈传盛编著. --北京：北京理工大学出版社，2023.3

ISBN 978-7-5763-2173-9

Ⅰ. ①新…　Ⅱ. ①范…②陈…　Ⅲ. ①新能源-材料技术-研究　Ⅳ. ①TK01

中国国家版本馆 CIP 数据核字（2023）第 041313 号

出版发行／北京理工大学出版社有限责任公司
社　　址／北京市海淀区中关村南大街 5 号
邮　　编／100081
电　　话／（010）68914775（总编室）
　　　　　（010）82562903（教材售后服务热线）
　　　　　（010）68944723（其他图书服务热线）
网　　址／http：//www. bitpress. com. cn
经　　销／全国各地新华书店
印　　刷／涿州市京南印刷厂
开　　本／787 毫米×1092 毫米　1/16
印　　张／8
字　　数／188 千字
版　　次／2023 年 3 月第 1 版　2023 年 3 月第 1 次印刷
定　　价／70.00 元

责任编辑／王梦春
文案编辑／闫小惠
责任校对／周瑞红
责任印制／李志强

前言

新能源的各种形式都是直接或者间接地来自太阳或地球内部深处所产生的热能，其包括太阳能、风能、生物质能、地热能、核聚变能、水能和海洋能，以及由可再生能源衍生的生物燃料和氢所产生的能量。可再生能源是指可以永续利用的能源资源，如水能、风能、太阳能、生物质能和海洋能等非化石能源。也可以说，新能源包括各种可再生能源和核能。新能源能够缓解经济发展与能源、环境之间的矛盾，可以减少污染物的排放，保护生态环境，具有广阔的前景和深远的意义。近十年的发展中，新能源材料与器件已得到了充分、广泛的研究和利用，在合成方法、评价体系、实际应用等方面取得了许多重大的进展，已发展成一门新兴的前沿学科，而且我国提出到2060年实现“碳中和”目标，也需要大力发展新能源产业。

为了激发学生的学习兴趣，结合“新能源材料与器件基础”这门课的工科特点和国家新能源领域的重大需求，将课程思政内容引入教材，如追求精益求精和实事求是的“工匠精神”。此外，结合国家的能源发展规划，说明新能源材料与器件技术的重要性，增强学生“学好专业知识，奉献祖国建设”的使命感。

本书在编写的过程中，参考了近年来发表在国内外重要学术期刊上一些关于新能源材料及器件的相关文献，并结合作者多年的教学和科研实践，在阐述新能源和器件相关理论时，结合典型的实例分析，启发学生的思路，力图为学生今后的工作实践奠定基础，提升能力。特别地，本书引用了一些最新的新能源材料及器件的研究结果，阐述了相关领域的新进展，能够进一步拓宽学生的专业视野，激发学生学习的兴趣。在每一章结束时，为了巩固所学的知识，精选了一些典型的思考题，以便学生进一步学习。

本书共5章，分别为锂离子电池材料与器件、超级电容器材料与器件、太阳能电池材料与器件、燃料电池材料与器件、氢能材料与器件。由于作者水平有限，在编写的过程中，难免有疏漏和不妥之处，敬请读者批评指正。

作　者

2022年10月

目录

第1章　锂离子电池材料与器件

1.1　锂离子电池概述

锂离子电池是由储锂化合物作为正、负极材料构成的电池。在充放电的过程中，锂离子电池在正、负极间通过电化学反应进行锂离子交换，从而实现充电和放电过程。当充电时，电能转化成化学能存储到电池中；当放电时，化学能转化成电能。在充放电过程中，锂离子在正、负极材料之间进行交换，类似摇椅摆动过程。因此，很多研究者将锂离子电池形象地称为“摇椅电池”。

在所有可以作为电池负极的金属元素中，锂金属具有最负的标准电位，其大小为-3.04 V，而且其密度最轻（0.53 g/cm^3），理论能量密度较高，因此，在锂离子电池中，锂金属通常用作负极。相对而言，二次锂离子电池的发展迟缓。锂金属化学反应活性较高，易与空气或电解质发生化学反应，形成一层绝缘膜，导致锂离子电池的储能性能衰减，而且在使用过程中，锂金属易形成锂枝晶，形成的锂枝晶能够刺破电池隔膜，造成电池内部短路，从而导致电池失效，甚至引起安全性问题。为了解决这些问题，研究者做了大量的研究，也取得了较大的进展。例如，通过调控锂电极的表面结构，对锂金属表面进行化学或电化学修饰，或者采用合金代替纯锂金属等。

Takeda 等人系统地介绍了在固态电解质中锂枝晶的形成。他们在研究锂离子电池充电过程中的锂枝晶现象时发现，固态电解质有利于抑制锂枝晶的形成，然而在解决锂枝晶形成的同时，如何使固态电解质有较好的导电性，是使用固态电解质面临的挑战。一般来讲，锂枝晶容易在液态电解质中形成，严重时会造成锂离子电池短路，通常采用固态电解质来抑制锂枝晶的形成，但是这样会造成电解质导电性差。研究者通过添加离子液体，增加固态电解质的导电性，一定程度上缓解了固态电解质抑制锂枝晶的形成和电解质导电性的矛盾。然而，这类方法还处在实验室研究阶段，没有大规模商业化。

1980 年，M. Armand 等人提出“摇椅电池”概念，他们使用低插锂电位的 Li_yMnY_m 插层化合物替代金属锂负极，构筑了没有金属锂的锂离子电池，在充放电的过程中实现了锂离子在正、负极之间来回穿梭，往复循环，相当于锂的浓差电池，即二次锂离子电池。J. B. Goodenough 等采用 LiMO（M=Co，Ni，Mn）化合物作为正极材料制备了锂离子电池。研究结果表明，LiMO 锂的插层化合物，锂离子能可逆地嵌入和脱嵌。在前人研究的基础上，Auburn 和 Barberio 构筑了 MoO 或 WO（负极）//LiCo（正极）锂离子电池，电解质为非水有机电解质溶液，锂离子表现较好的电化学储能性能。后来，研究者又开发了其他的负极材料（如 $LiWO_2$ 或 $Li_6Fe_2O_3$）和正极材料（如 NbS、WO_3或 VO_5），这些材料可以组装成电池。但是这类材料构筑的锂离子电池比容量较低，制备工艺复杂，不能实现快速充放电，很难满足实际需要。这些正、负极材料存在的缺点不能很好克服，导致锂离子电池的研究进展缓慢，甚至停滞不前。

石墨是典型的层状材料，在锂离子电池发展之初，就有人提出将石墨用于锂离子电池，观察到石墨层可以实现锂离子的嵌入或脱嵌。例如，Yazami 等人实现了锂在石墨中的可逆脱嵌反应，他们以石墨为负极，$LiCoO_2$ 为正极，制备了锂离子电池，获得了具有典型充放电特征的电池。他们的研究结果使锂离子电池的研究重新受到大量的关注，不仅在学术界，而且在工业界也兴起了锂离子电池技术的开发。SONY 能源技术公司实现了以石油焦为负极，$LiCoO_2$ 为正极的锂离子电池的商业化生产，并提出“锂离子电池”这一全新的概念。自此，锂离子电池逐渐被学术界和工业界广泛地接受和使用。

随着锂离子电池技术的不断进步，锂离子电池的性能也在不断提升，其安全性和循环性都能得到保障，而且具有比容量和能量密度高、工作温度范围宽（-40~70 ℃）、工作电压平稳、贮存寿命长等特点。锂离子电池目前已经广泛应用于电子器件、动力汽车、航空航天等领域，被人们称为“最有前途的化学电源”。

1.2 锂金属的性质

1.2.1 锂元素的基本性质

锂元素化学符号为 Li（Lithium），原子序数是 3，位于元素周期表第二周期第 I 主族，其外层含有一个价电子，相对原子质量为 6.941，是一种化学性质非常活泼的碱金属，呈金属光泽，在空气中很容易被氧化。Li 元素的原子半径经验值约为 145 pm，理论计算值约为165 pm，离子半径为 68 pm。锂金属在 298 K 时为固态，密度为 0.53 g/cm^3，在地壳中含量为 0.006 5%，锂在自然界中仅以化合物的形式存在，如锂辉石、锂云母等。在标准状态（273 K）下，Li 金属为体心立方结构（bcc），每个 Li 原子被周围最临近的 8 个锂原子包围，Li—Li 的最短距离为 304 pm。锂金属的晶体结构如图 1-1 所示。

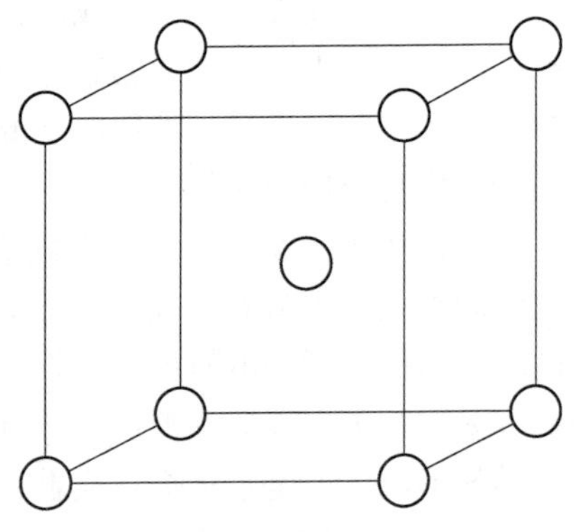
图 1-1　锂金属的晶体结构

相对于其他碱金属（如 Na、K 等），Li 金属的熔点和硬度较高，其标准电极电动势 $E(Li^+/Li)$ 在碱金属中较低。在新能源材料领域，Li 元素是制备锂离子电池的重要元素，其电极电位和电化学当量较高，电化学能量密度也较高，这些优点都是制备锂离子电池所必需的，因此，锂的化合物经常用作锂离子电池的正极材料，表现很好的储能性质。例如，用于 Li-MnO、Li-CoO 等电池的正极材料，使这类电池表现较好的性质，如功率高、寿命长、能量密度高和环境适应性强等优点，在国防、航空和动力汽车等方面有巨大的应用前景。Wang 等人采用 Al+Ti 对 $LiCoO_2$ 材料进行掺杂，制备了稳定性好、倍率高的锂离子电池，其初始放电比容量高达 224.9 mA·h/g。$LiCoO_2$ 材料的电化学性质如图 1-2 所示。

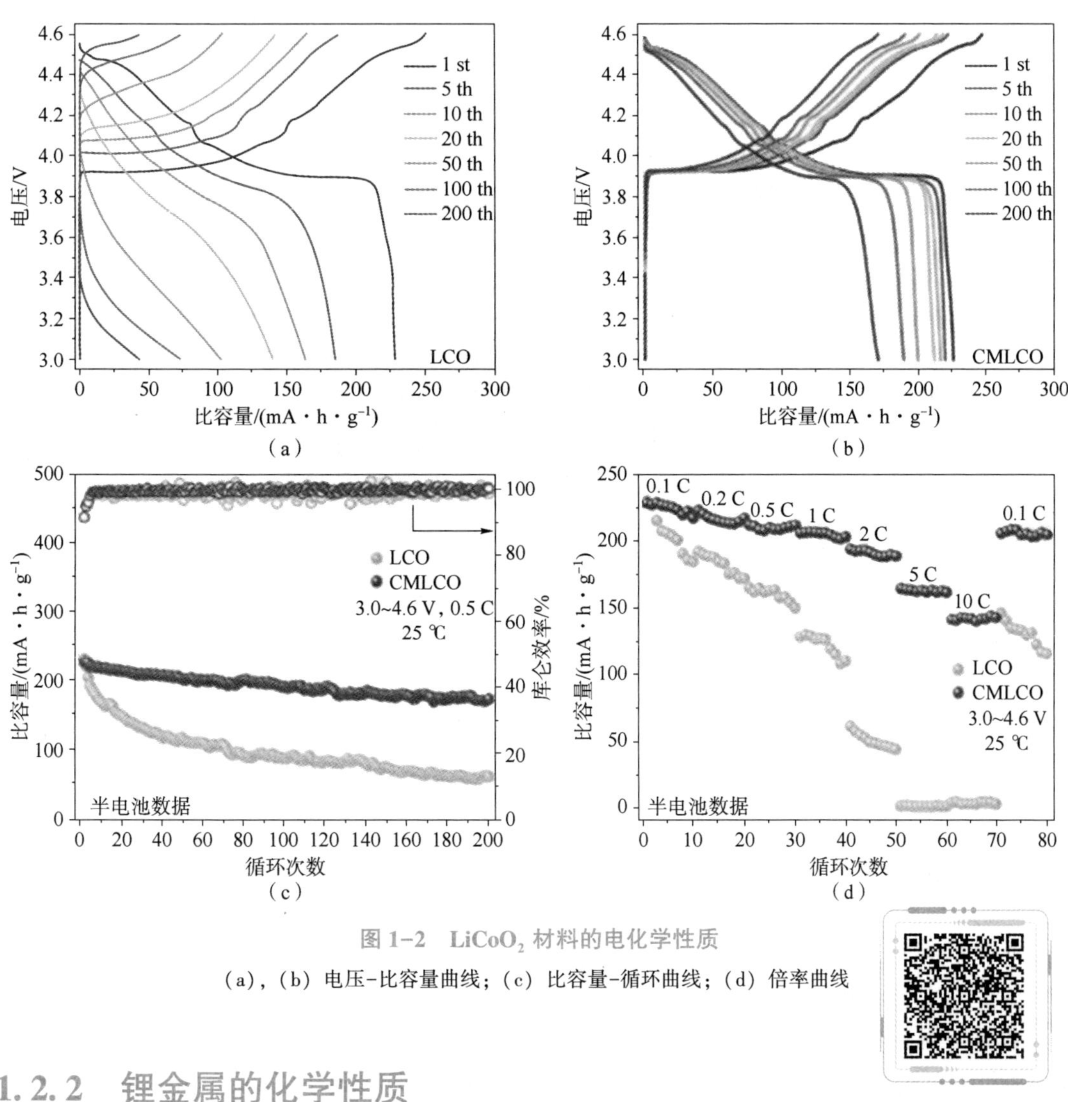

图 1-2　$LiCoO_2$ 材料的电化学性质

(a)，(b) 电压-比容量曲线；(c) 比容量-循环曲线；(d) 倍率曲线

彩图 1-2

1.2.2　锂金属的化学性质

锂金属非常活泼，容易与 O_2、H_2O、酸和碱反应，其化学反应方程式分别如下：

锂金属与 O_2 反应：$4Li+O_2(g) \longrightarrow 2Li_2O(s)$　　$2Li+O_2(g) \longrightarrow Li_2O_2(s)$

锂金属与 H_2O 反应：$2Li+2H_2O \longrightarrow 2LiOH(aq)+H_2(g)$

锂金属与酸反应：$2Li+H_2SO_4 \longrightarrow 2Li^+(aq)+SO_4^{2-}(aq)+H_2(g)$

锂金属与碱反应：主要是与碱溶液的水反应放出 H_2，生成 Li 的氢氧化物，溶液中 Li 的氢氧化物浓度升高。

锂金属用于锂离子电池主要开始于 20 世纪 50 年代，研究者在实验室制备了锂离子蓄电池，实现了电化学储能功能，从而开启了锂离子电池的时代。随着锂离子电池技术的不断进

步，20 世纪 70 年代，锂离子电池进入商用时代。到 20 世纪 90 年代，日本 SONY 公司开发了性能良好的新型锂离子二次电池，其对环境没有污染，把锂离子电池技术和应用推向了新的阶段。随着社会的不断发展，人类面临的能源危机日益加重，对高效新能源电池的需求也急剧增长，这些需求使锂离子电池技术成为目前发展最为迅速的高新技术领域之一。根据高新技术发展的需求和锂离子电池技术的发展，锂离子电池已经开始应用于动力汽车、航天航空等领域。图 1-3 展现了锂离子电池的应用领域。

图 1-3　锂离子电池的应用领域

20 世纪 90 年代以来，法国、德国、中国和美国的汽车公司还开发了电动汽车用锂离子电池，高能量、大功率锂离子电池技术的发展，推动了新能源汽车工业的迅速发展，催生了具有世界影响力的电动汽车公司的诞生，如特斯拉和比亚迪等著名电动汽车公司。

1.3　锂离子电池的工作原理

锂离子电池在进行能量存储时，通过电化学反应实现锂离子在活性物质中的可逆脱嵌反应，此类反应属于拓扑定向反应，在充电反应过程中，锂离子嵌入正极材料的晶格中，在放电反应中，锂离子从正极材料的晶格中脱嵌，正极材料的晶格原子仅发生位移，而不发生扩散性重组，晶格结构保持稳定。一般而言，锂离子电池的正极材料是锂的化合物，它们具有层状结构（如 $LiCoO_2$）或尖晶石结构（如 $LiFePO_2$），锂金属或石墨化碳作为负极材料，这样锂离子在正极和负极材料中不断地嵌入和脱嵌，从而实现锂离子电池的充电和放电。

锂离子电池充放电反应方程式如下：

正极反应：$Li_{1-x}M_yX_z \longrightarrow Li_{1-x-\delta}M_yX_z + \delta Li^+ + \delta e^-$（充电）

$Li_{1-x-\delta}M_yX_z + \delta Li^+ + \delta e^- \longrightarrow Li_{1-x}M_yX_z$（放电）

负极反应：$Li_xC_n + \delta Li^+ + \delta e^- \longrightarrow Li_{x+\delta}C_n$（充电）

$Li_{x+\delta}C_n \longrightarrow Li_xC_n + \delta Li^+ + \delta e^-$（放电）

总反应：$Li_{1-x}M_yX_z + Li_xC_n \longleftrightarrow Li_{1-x-\delta}M_yX_z + Li_{x+\delta}C_n$

如图 1-4 所示，锂离子电池在充电时，保持电荷在充电过程中平衡；锂离子电池在放电时，Li^+ 从负极材料脱嵌，经过电解质嵌入正极材料，发生氧化反应。在正常的充放电过程中，正极材料和负极材料的结构不会发生根本的破坏，从而保证锂离子电池性能的稳定

性。在充放电过程时，锂离子电池会发生可逆电化学反应，锂离子在正、负极之间往复脱嵌和嵌入。目前，锂离子电池的正极材料一般为层状或尖晶石结构的过渡金属离子氧化物，此类化合物包括 $LiCoO_2$、$LiNiO_2$、$LiMnO_4$等。负极材料一般选择电位与锂元素相近的层状导电材料，如层状石墨、金属氧化物 SnO 或合金 SnSb、SnCu、SnCo、SnFe 等。

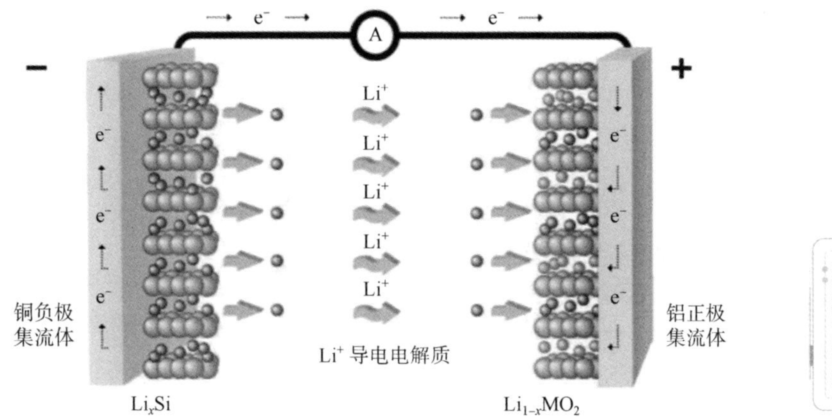

图 1-4　锂离子电池工作原理

视频 1　锂离子电池的工作原理

锂离子电池的结构由正极、负极、隔膜、电解质和集流体组成，其中，正、负极为离子和电子的混合导体，电解质为离子导体，隔膜为电子绝缘微孔膜，集流体为金属电子导体。锂离子电池常见的结构有柱状、方形、扣式和薄板形等，如图 1-5 所示。图 1-6 为典型锂离子电池材料及其比容量，可以看出，$Li_{1-x}Co_{1-y}M_yO_2$ 的比容量在 180 A · h/kg 以上，电压可达 4 V 左右。

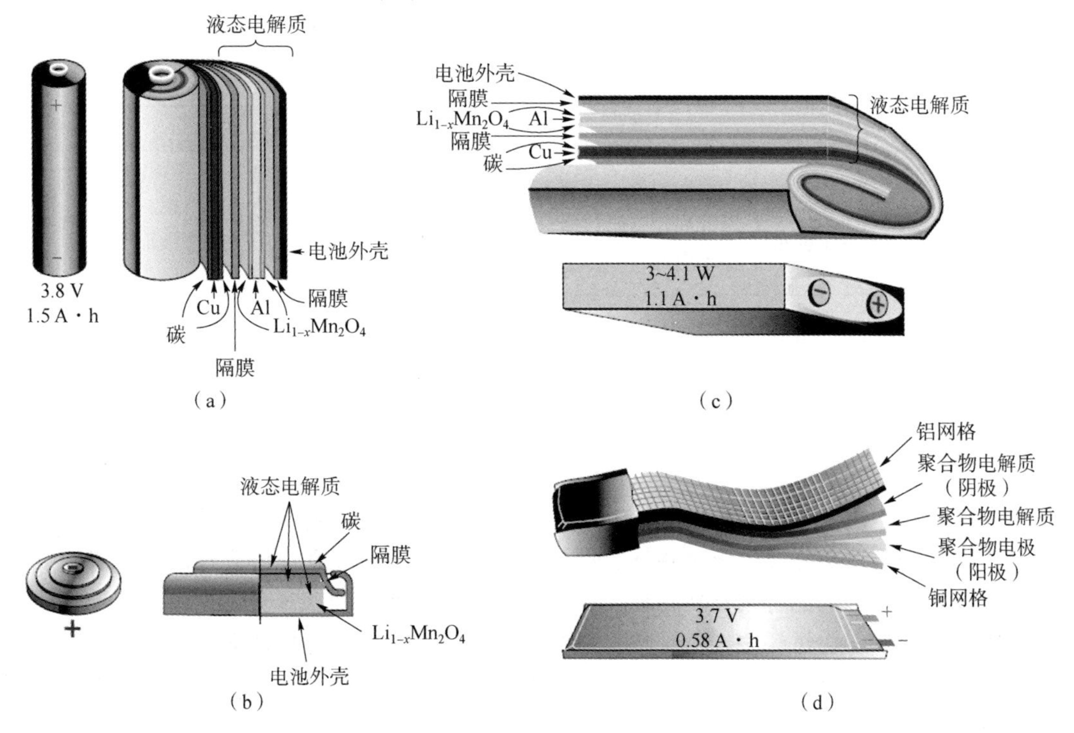

图 1-5　锂离子电池常见的结构

(a) 柱状；(b) 方形；(c) 扣式；(d) 薄板形

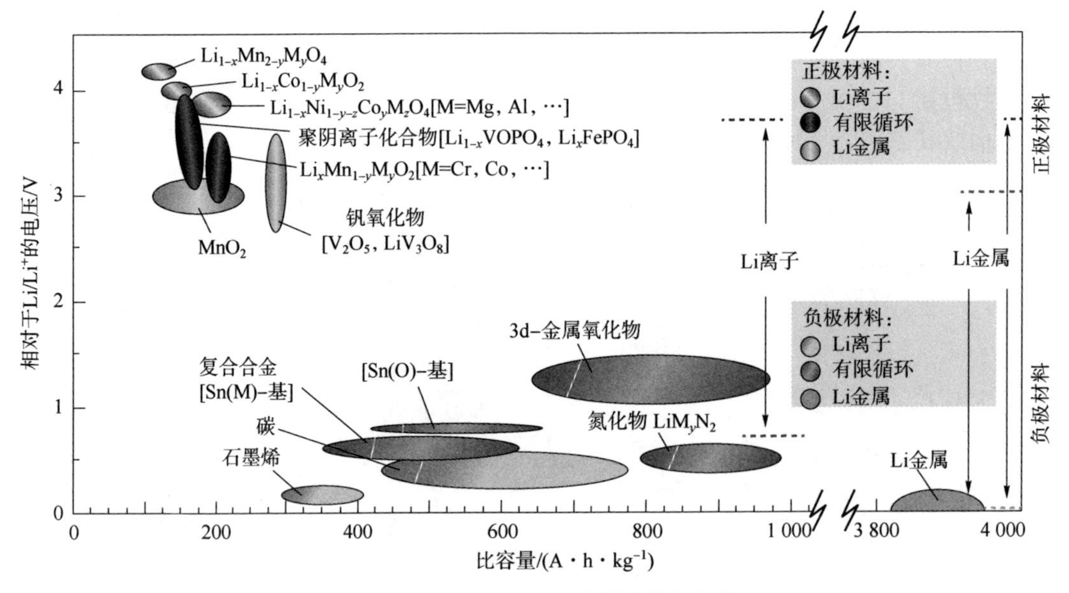

图 1-6　典型锂离子电池材料及其比容量

1.4　锂离子电池的分类及特点

锂离子电池有多种分类方法，如按电解质状态、温度、电极材料和外形等进行分类，具体分类如表 1-1 所示。

表 1-1　锂离子电池的分类

电解质状态	温度	电极材料	外形
液态锂离子电池、固态锂离子电池和聚合物锂离子电池	高温锂离子电池、常温锂离子电池和低温锂离子电池	钴氧化物-锂型、镍氧化物-锂型、锰氧化物-锂型等	柱状、方形、扣式和薄板形

1.5　聚合物锂离子电池与液态锂离子电池的区别

聚合物锂离子电池是指在电池结构中至少含有一种聚合物材料的锂离子电池，它的基本结构和工作原理与液态锂离子电池相同，即由正极、负极、隔膜和电解质构成。二者主要区别在于聚合物锂离子电池有聚合物材料，而液态锂离子电池不包含聚合物材料。目前，研究者主要集中于将聚合物材料用于正、负极材料。聚合物锂离子电池根据电极材料的种类可分为三类：固体聚合物电解质锂离子电池；凝胶聚合物电解质锂离子电池；聚合物正极材料锂离子电池。

Lee 等人研究了导电聚合物锂离子电池的循环性能。在他们的电池体系中，凝胶有机物

作为电解质，而且具有较好的导电性。电解质分子之间可以发生化学交联反应，提升了电极和隔膜之间的黏附力，改善了电池的电化学储能性能。因此，导电聚合物作为电解质也可以制备性能较好的锂离子电池。Zhang 等人总结了用于锂离子电池的聚合物电解质 。由于液态电解质用在锂离子电池中，存在容易泄漏等缺点，因此开发聚合物电解质替代液态电解质成为锂离子电池研究中的热点。目前，锂离子电池用聚合物电解质取得了较大进展，也显示了其巨大商业化应用潜力，但是在真正的商业化应用之前，需要优化聚合物电解质离子导电和界面容量。目前，研究者已经开发了多种聚合物作为锂离子电池的电解质，如聚乙烯醇、聚丙烯腈/乙烯胺等。

1.6　锂离子电池的优点和缺点

与其他电池相比，锂离子电池有它的优点和缺点：

（1）锂离子电池的优点：①能量密度高，所含的能量密度可达到500 W·h/L和200 W·h/kg；②输出电压较高，单体电池输出电压可达3.6 V；③输出功率大，如韩国采用18650型电池进行组合开发的混合动力电池；④功率密度高，单体电池DOD（放电深度）60%时，脉冲功率大于3 500 W/kg；⑤自放电率小，室温下，充满电的锂离子电池存放1个月后，其自放电率小于10%，而Ni-MH电池自放电率一般为30%~35%/月；⑥循环性能好，有的锂离子电池可达2 000次；⑦正常工作的温度窗口宽，目前，锂离子电池的工作范围已经拓宽到-40~70 ℃；⑧安全性好，锂离子电池不含有害金属元素，对环境无害，无记忆效应，安全性好。

（2）锂离子电池的缺点：①锂离子电池的内部电阻较高，这是因为锂离子电池的电解质是离子液体，其导电性比一般水溶液要差很多，导致电池的内部电阻较大，不利于锂离子电池的应用；②制造成本较高，正极材料主要是Li的氧化物，受Co和Li的价格影响；③工作电压在使用过程变化大。图1-7为不同类型二次电池能量密度的比较，由图可知锂离子电池优于Ni-Cd和Ni-MH等电池。

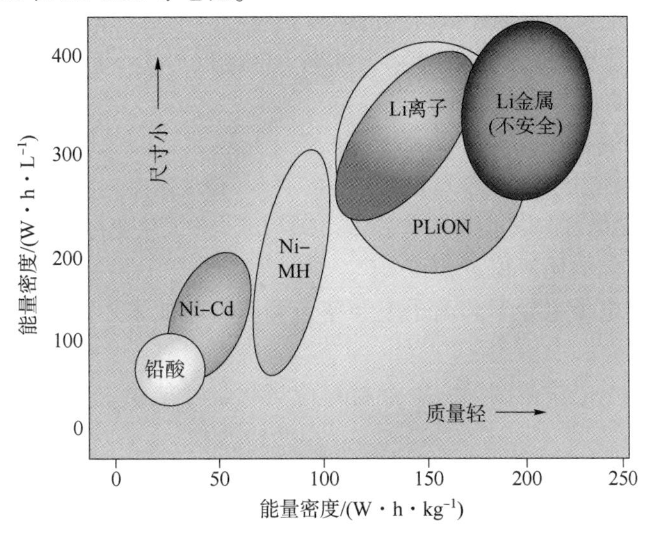

图1-7　不同类型二次电池能量密度的比较

1.7　锂离子电池的主要组分

锂离子电池的主要组分有正极材料、负极材料、电解质、隔膜和辅助材料，各部分所占比例如图 1-8 和图 1-9 所示。

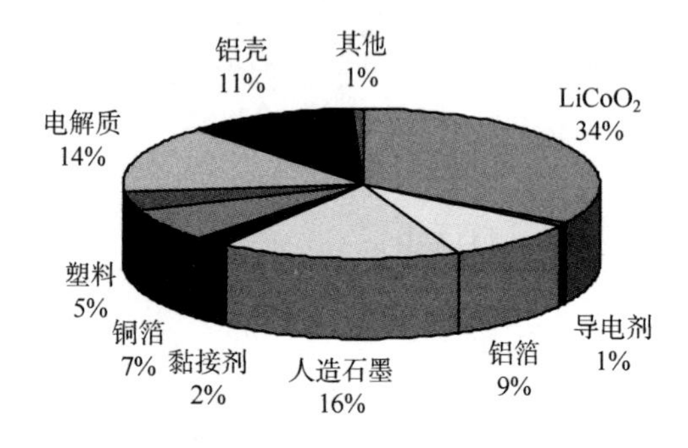

图 1-8　铝塑壳 $LiCoO_2$ 系 053450 型号电池组分（不含保护板）

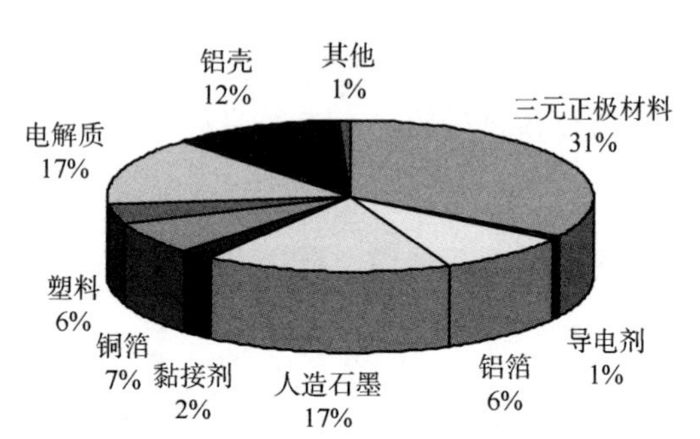

图 1-9　三元正极系锂离子电池组分

1.8　锂离子电池正极材料的特性及研究进展

1.8.1　锂离子电池正极材料的要求

在锂离子电池的结构中，电极材料对锂离子电池的性能有重要影响。近年来，锂离子电池正极材料和负极材料的性能都不断得到较大的提高。就负极材料而言，其研究不仅提高了 C 材料和 Li 金属作为电池负极材料的性能，而且开发了多种负极材料，如氧化物、锂合金和纳米合金等材料。锂离子电池正极材料的研究也有较大的进步，开发了多种含锂过渡金属氧化物、硫化物等正极材料，大大地推动了锂离子电池技术的不断进步。

锂离子电池正极材料要具备以下特征：

（1）应有较高的氧化还原电位；

（2）能使大量的锂发生可逆嵌入和脱嵌；

（3）在整个可逆嵌入和脱嵌过程中，主体结构没有或很少发生变化；

（4）氧化还原电位要比较稳定；

（5）要有较好的电子电导率和离子电导率，可以对电池采用大电流密度充放电；

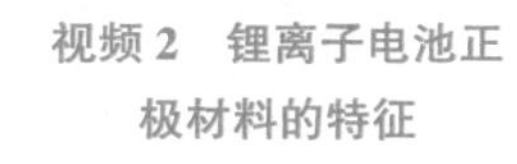

视频 2　锂离子电池正极材料的特征

（6）在整个充放电电压范围内，电极材料应当化学性能稳定性好，与电解质等不发生化学反应；

（7）锂离子在电极材料中有较大的扩散系数，能够实现快速充放电；

（8）电极材料价格低，对环境无污染等。

目前，使用的锂离子电池正极材料主要是层状结构（$LiCoO_2$ 和 $LiNiO_2$）、尖晶石结构（$LiMn_2O_4$）和橄榄石结构（$LiFePO_4$），但是很多因素会影响正极材料的性能，如材料的性质、制备技术和制备工艺等。因此，这些材料用作锂离子电池正极材料，其电化学储能性能需要进一步提高，才能满足未来科技发展对锂离子电池性能的需求。

1.8.2 锂离子电池典型的正极材料

为了提高锂离子电池的储能性能，研究者对锂离子电池正极材料进行两个方面的研究：一方面对现有正极材料进行改性；另一方面开发新型高性能的正极材料。锂离子电池正极材料在锂离子电池中的作用非常重要，决定着电池性能的好坏。锂离子电池正极材料相对于常见的 Li^+/Li 的电位及金属锂和嵌锂碳的电位如图 1-10 所示。

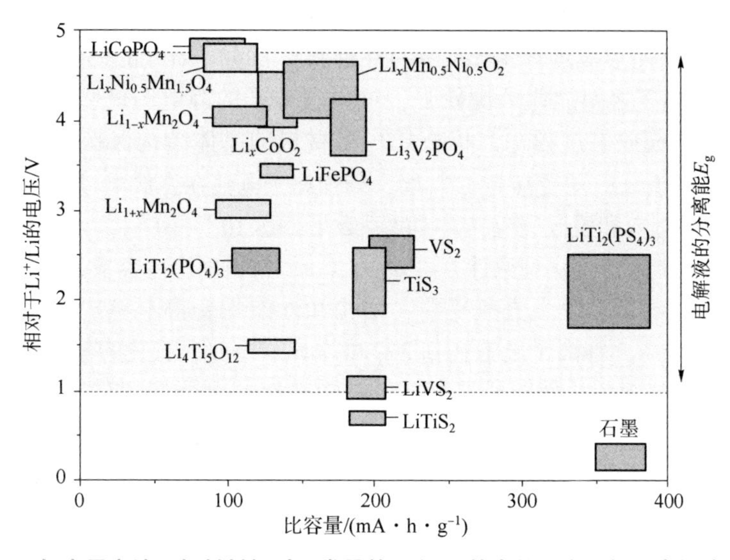

图 1-10 锂离子电池正极材料相对于常见的 Li^+/Li 的电位及金属锂和嵌锂碳的电位

从图 1-10 可以看出，过渡金属化合物是重要的锂离子电池正极材料，其中氧化物较多，如高电位的过渡金属氧化物材料（$LiMn_2O_4$、$LiCoO_2$ 等）、磷酸盐体系（$Li_3V_2PO_4$、$LiCoPO_4$等）等正极材料。

1.8.2.1 Li-Co-O 系正极材料

自从 1980 年 J. B. Goodenough 等人报道了 $LiCoO_2$ 材料作为锂离子电池正极材料，研究者就不断地努力提高 $LiCoO_2$ 材料的性能，因为锂在 $LiCoO_2$ 材料中有较高的扩散系数（5×10^{-9} cm^2/s），而且 $LiCoO_2$ 材料是 α-$NaFeO_2$ 型层状结构材料，锂离子在 $LiCoO_2$ 材料中非常容易嵌入和脱嵌，从而实现电化学能量的存储。$LiCoO_2$ 材料的晶格参数 $a=2.516(2)$ Å，$e=14.05(1)$ Å，在其晶格中，氧原子立方密堆积排列，处于 6c 位置，锂离子与钴离子交替位于晶格 3a 和 3b 位置图。图 1-11 为 $LiMO_2$（M=Co，Ni，Mn）的结

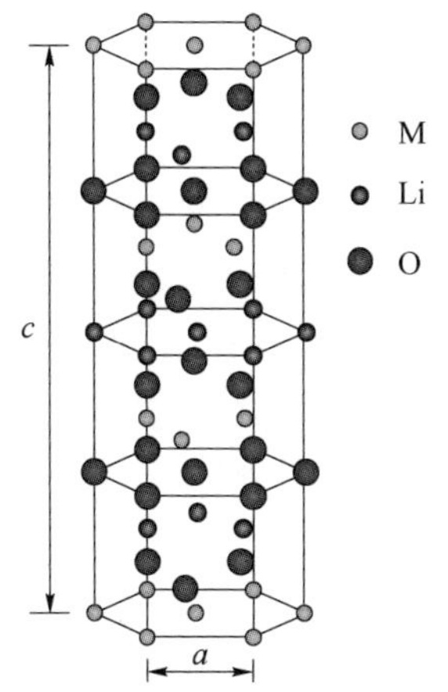

图 1-11 $LiMO_2$（M=Co，Ni，Mn）的结构示意图

构示意图。当锂离子从 $LiCoO_2$ 材料脱嵌后，氧原子在 CoO_2 中堆积成六方密堆形式，重新排列。

针对 $LiCoO_2$ 材料作为锂离子电池正极材料不稳定的问题，Zhang 等人采用 Ti-Mg-Al 共掺杂方法以改善 $LiCoO_2$ 材料的稳定性。结果表明，Mg 和 Al 元素嵌入 $LiCoO_2$ 材料的晶格中，能够阻止 $LiCoO_2$ 材料在 4.5 V 左右的相转变。此外，Ti 元素分布在晶界和表面，能够调控 $LiCoO_2$ 材料的微观结构，稳定高电压下的表面 O 元素。他们认为，以上这些因素的协同作用，使以 $LiCoO_2$ 材料为正极材料的锂离子电池稳定工作电压高达 4.6 V。Shao-Horn 等人采用电镜对 $LiCoO_2$ 材料的结构进行系统的分析。他们在层状 $LiCoO_2$ 材料中成功地观测了 Li、Co 和 O 原子，其中，Li 原子是最小的原子，传播电子的能力较弱，该研究结果为认识锂离子电池充放电过程中锂离子的嵌入和脱嵌提供重要参考。

在锂离子电池正极材料中，层状 $LiMO_2$ 型材料占据重要位置，在其空间结构中，过渡金属原子与 6 个氧原子构成一个八面体结构，过渡金属 M 位于八面体的中心，属于 R3m 群，而锂离子和过渡金属 M 离子交替排列在立方结构的（111）面，分别位于 3a 和 3b 位置，氧离子位于 6c 位置，从而形成连续的 Li—O—M 连接。例如，在 $LiCoO_2$ 材料中，在 Li—O—Co 层，钴离子和氧离子之间的化学键较强，这样锂离子的静电力就将 O—Co—O 层束缚在一起，在锂离子电池充放电过程中，将 $LiMO_2$ 型材料的晶体结构保持稳定，而 Li^+ 和 Co^{3+}、O^{2-} 之间的作用力不同，O^{2-} 层更接近 Co^{3+} 层，当锂离子电池在充放电过程中，Li^+ 从二维层间迁移时，即发生可逆嵌入和脱嵌反应，其扩散系数可高达 10^{-9}~10^{-7} cm^2/s，从而使锂离子电池保持较高的电化学储能性能。从理论计算可知，$LiCoO_2$ 材料理论比容量为 274 mA · h/g。在有机电解质中，$LiCoO_2$ 材料会发生失氧反应，结构和性能均变得不稳定，锂离子电池快速衰减。在 3.0~4.3 V 电压，锂离子电池在 0.2 C 可逆充放电时，其比容量达 156 mA · h/g。当充电超过 4.5 V 时，比容量虽然有所提高，但是随着充放电循环的进行，比容量很快衰减。对于层状 $LiCoO_2$ 材料而言，在长期的充放电过程中，锂离子在层状 $LiCoO_2$ 材料中反复嵌入和脱嵌，$LiCoO_2$ 材料会反复膨胀和收缩，颗粒之间会发生松动，电池内阻增大，比容量减小，电化学储能性能变差。

图 1-12 为 $LiCoO_2$（LCO）正极材料改性前后锂离子电池库仑效率和比容量-循环曲线。从图中可看出，采用 Li、Al、F 等元素掺杂的 $LiCoO_2$ 材料作为锂离子电池正极材料，经过 100 次的循环后，放电比容量仍保持在 200 mA · h/g，其库仑效率一直保持在 98%以上，表现典型的电化学储能性能。研究表明，锂离子电池在充放电过程中，材料相转变也会影响锂离子电池的性能。实际上，当锂离子脱出量 x 在 $0<x<0.6$ 时，$LiCoO_2$ 材料经过三个相变过程。在锂离子脱出 7%时发生一级相变，H1 相向 H2 相转变，六方晶胞 c 轴伸长（约 2%），晶胞中 Co—Co 间距显著变小，引起电子能带分散，使 $LiCoO_2$ 的价带与导带重叠，材料导电性能增强，此时，$LiCoO_2$ 材料由原来的半导体逐渐向金属导体转变，在这个过程中，导电性能增强，增强了锂离子转移的能力。当锂离子脱出量 x 在 $0.07 \leqslant x \leqslant 0.25$ 时，在 $LiCoO_2$ 材料中，H1 与 H2 两相共存。当 $x=0.5$ 时，锂离子在正极材料中的有序性会有一定程度的破坏，即部分转变成无序锂离子，导致 $LiCoO_2$ 材料由六方相向单斜相转变。

$LiCoO_2$ 正极材料的制备技术可分为化学合成法和固相合成法，化学合成法包括共沉淀、溶胶-凝胶、乳化干燥和离子交换等方法。在工业生产中，固相合成法更为常见，而且固相合成技术发展迅速。固相合成法主要包括高温固相合成和低温固相合成两类技术。目前，商业化的 $LiCoO_2$ 正极材料主要是采用固相合成法制备的，国内的厂家主要有比亚迪、宁德时代和长远理科等，国外的公司主要有 SONY、陶氏化学、住友金属和优美科等。20 世纪 90 年

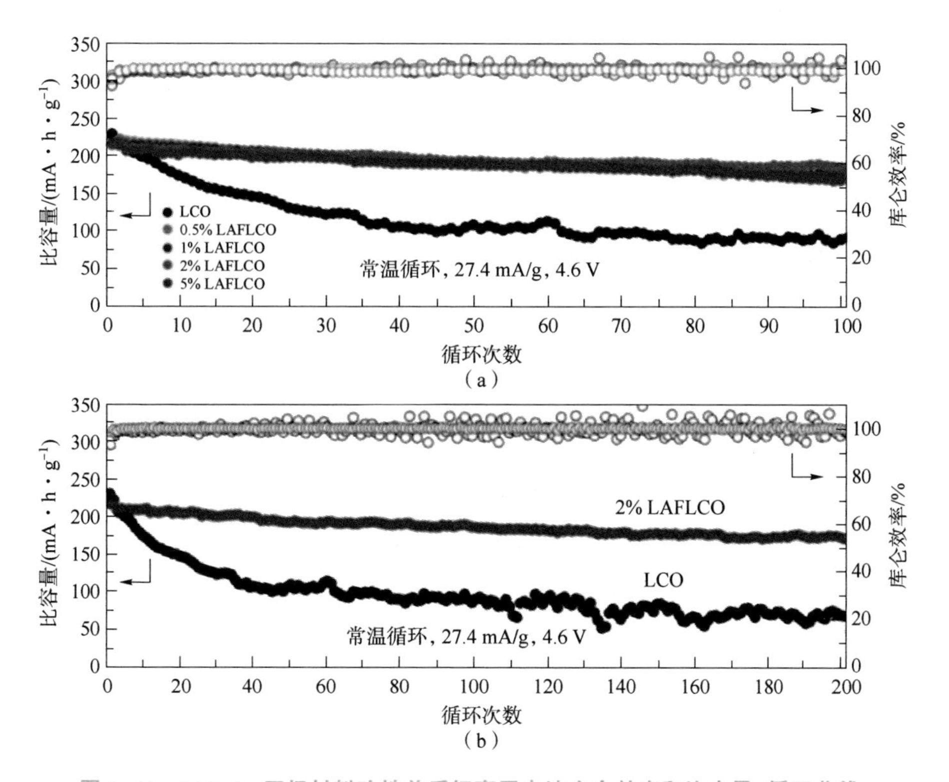

图 1-12　$LiCoO_2$ 正极材料改性前后锂离子电池库仑效率和比容量-循环曲线

（a）常温下，电流密度为 27.4 mA/g，LCO 或 LAFLCO 电极半电池循环性能；（b）常温下，电流密度为 27.4 mA/g，LCO 或 2%LAFLCO 电极半电池长循环性能

代，SONY 公司采用 $LiCoO_2$ 正极材料制备了锂离子电池，其实际比容量约为140 mA·h/g，尽管实际比容量与理论比容量 274 mA·h/g 有较大的差距，但也极大地推动了锂离子电池技术的发展。

彩图 1-12

作为锂离子电池正极材料，$LiCoO_2$ 有较多优点，但是仍然存在一些不足，限制它的应用领域。目前，$LiCoO_2$ 正极材料实际比容量与理论比容量还存在较大的差距，因此，其还存在较大的提升空间。围绕着提升 $LiCoO_2$ 正极材料的实际比容量，研究者采用掺杂和包覆等多种方法对其进行改性。在对 $LiCoO_2$ 掺杂的元素研究中，既有过渡金属（Mn、Fe、Cr、V 和 Ti 等），也有非过渡金属（Mg、Al 和 Ga 等），这些掺杂元素以离子形式部分替代 $LiCoO_2$ 中 Co 离子。在这些掺杂元素中，有的元素起到了稳定 $LiCoO_2$ 层状结构的作用，阻止 $LiCoO_2$ 在充放电过程中不可逆的相转变和锂离子重排，提高其电化学储能性能；有的掺杂元素改善了 $LiCoO_2$ 的导电性能；有的元素提高了 $LiCoO_2$ 的电极电势；还有的掺杂元素提高了本体材料的比容量，提高其电化学储能性能。目前，对 $LiCoO_2$ 正极材料通过掺杂改性，不断优化其电化学储能性能，仍然成为当今新能源材料领域的一个热点研究方向。

Wang 等研究了 Ni 和 Mn 掺杂对 $LiCoO_2$ 结构和性能的影响。Mn 掺杂能使 $LiCoO_2$ 正极锂离子电池的截止电压高达 4.6 V，提高电池的循环性能，Mn 元素嵌入 $LiCoO_2$ 晶格中，导致 $LiCoO_2$ 的晶格参数 a 和 c 增加，能阻止发生在 3.9 V 和 4.1 V 附近的金属绝缘体相转变，而且抑制了在 4.5 V 附近的 O3/H1-3 相转变。研究发现，Ni 的单独掺杂会产生混排和 NiO 相。Xu 等人研究了 Mg 掺杂 $LiCoO_2$ 正极材料锂离子电池的性能，Mg 掺杂会形成 MgO 相，降低锂离子电池的放电平台，不利于电池性能的改善。

也有一些研究者通过材料结构的设计，如包覆方法来提高 $LiCoO_2$ 正极材料的性能。在 $LiCoO_2$ 表面包覆一些其他的材料，形成复合材料可提升本体材料的电化学储能性能。包覆材料能抑制 $LiCoO_2$ 正极材料在充放电过程中的晶格膨胀，研究者比较了 ZrO_2、Al_2O_3和 TiO_2 等多种材料对 $LiCoO_2$ 的包覆结构，ZrO_2断裂韧度较好，经其包覆的 $LiCoO_2$，充放电过程中晶格膨胀较小，保障了本体材料的结构稳定性。此外，包覆材料还可以起到抑制 $LiCoO_2$ 材料阻抗增大的作用。研究者发现，当充电至 4.5 V 时，在 $LiPF_6$电解液中，$LiCoO_2$ 材料表面阻抗增大，在 $LiCoO_2$ 材料表面包覆一层其他的材料，可以保护 $LiCoO_2$ 材料表面，起到抑制其阻抗增大的作用。Nol 等报道了 ZrO_2 包覆 $LiCoO_2$ 材料锂离子电池性能，结果表明，ZrO_2 包覆明显地提升了锂离子电池的循环性能，包覆材料对电极材料起保护作用，改善了其稳定性。类似地，一些研究人员也构筑了 Al_2O_3和 TiO_2 包覆 $LiCoO_2$ 材料，包覆材料的保护作用，改善了 $LiCoO_2$ 材料的稳定性，提高了锂离子电池的电化学储能性能。

$LiCoO_2$ 材料作为锂离子电池的正极材料，其使用范围受到钴资源储量有限的限制。目前其锂离子电池制造成本较高，主要用于笔记本电脑、手机和数码相机等小型电子产品，因此还需要研发其他替代正极材料来满足大型化电池的需要。

1.8.2.2 Li-Ni-O 系正极材料

在锂离子电池正极材料中，Li-Ni-O 系正极材料也占有重要的位置。$LiNiO_2$ 正极材料典型空间结构是 Ni 和 Li 分别交替位于其八面体空隙，使其在晶面方向上排列成层状。$LiNiO_2$ 正极材料的理论比容量为 276 mA·h/g，其实际比容量为 190~210 mA·h/g。在元素周期表中，Ni 和 Co 位置较近，即它们性质类似，而且 $LiNiO_2$ 材料的价格低很多，如果能实现 $LiNiO_2$ 代替 $LiCoO_2$ 作为锂离子电池的正极材料，锂离子电池的价格会有较大的降低，因此，$LiNiO_2$ 正极材料是有较大发展前景的锂离子电池正极材料。

然而，目前 $LiNiO_2$ 正极材料实际上没能在锂离子电池领域大规模使用，主要是因为其本身存在缺陷，使目前实际应用存在一定的困难：

（1）$LiNiO_2$ 材料制备比较困难，且循环性能差；

（2）非化学计量组成且阳离子混排，在制备 $LiNiO_2$ 材料过程中，Ni^{2+}很难完全被氧化成 Ni^{3+}，因此，制备化学计量比的 $LiNiO_2$ 材料比较困难，而且部分 Ni^{3+}的位置被 Ni^{2+}所占据，相应量的 Ni^{2+}占据 Li^+的位置，造成材料中的混排结构，$LiNiO_2$ 材料的结构稳定性和热性均较差；

（3）在充放电过程中，$LiNiO_2$ 材料结构不稳定，有时会发生三方晶系向单斜晶系转变，造成锂离子电池比容量迅速降低，电池的可逆循环性能较差。

此外，$LiNiO_2$ 材料作为锂离子电池正极材料，工作电压较低，其值为 3.3 V 左右，相比于 $LiCoO_2$ 材料（约 3.6 V）偏低，这些方面限制了 $LiNiO_2$ 材料在锂离子电池领域的应用。表 1-2 比较了层状 $LiNiO_2$ 材料和 $LiCoO_2$ 材料的部分物理性质。

表 1-2　层状 $LiNiO_2$ 材料和 $LiCoO_2$ 材料的部分物理性质

化合物	d 层电子数	Li^+扩散系数/（$cm^2·s^{-1}$）	电导率/（$S·cm^{-1}$）
$LiNiO_2$	7	$2×10^{-7}$	10^{-1}
$LiCoO_2$	6	$5×10^{-9}$	10^{-2}

研究者针对 $LiNiO_2$ 材料作为锂离子电池正极材料存在的合成困难、结构相变和热稳定性差等开展了研究，发现这些困难与 $LiNiO_2$ 材料的内在结构有关。他们提出通过掺杂 Co、Mn、Al、Ti 等元素或修饰其表面来提升 $LiNiO_2$ 材料的电化学储能性能，在 $LiNiO_2$ 材料结构中，这些元素部分替代 Ni 元素，能够抑制 $LiNiO_2$ 材料在充放电过程中的相转变，提高其结构的稳定性。同时，一些研究者采用阴离子掺杂改善 $LiNiO_2$ 材料的性能，如采用 F、S 代替 $LiNiO_2$ 材料中的 O 元素，得到 $LiNiO_{2-y}M_y$ 固溶体化合物，提高其可逆循环性能。一些研究者还采用多元素共掺杂来综合改善 $LiNiO_2$ 材料的电化学储能性能，以解决其作为锂离子电池正极材料的应用局限性。此外，研究表明，表面包覆是改善 $LiNiO_2$ 正极材料性能的有效途径。对于层状结构的锂镍氧化物系列材料的表面包覆修饰，已经有许多文献报道，这些研究表明通过表面包覆方法能提高电极材料的循环性能和热稳定性。

1.8.2.3 Li-Mn-O 系正极材料

Li-Mn-O 系锂离子电池正极材料主要包括层状结构 $LiMnO_2$、尖晶石结构 $LiMn_2O_4$ 和正交结构 $LiMnO_2$。

1. 层状结构 $LiMnO_2$

作为锂离子电池正极材料，层状 $LiMnO_2$ 材料与层状 $LiNiO_2$ 和 $LiCoO_2$ 材料不同，其层状结构呈菱形正交晶系，空间群属于 Pmnm，其理论比容量为 286 mA·h/g，工作电压为 2.3~4.5 V，但在锂离子电池充放电过程中，锂离子反复脱嵌，会使层状 $LiMnO_2$ 材料结构不稳定，特别在脱锂后，$LiMnO_2$ 材料会逐渐向尖晶石结构转变。此外，在放电过程中，由于 Li 离子的嵌入，MnO_2 的晶格结构被破坏，由六方密堆积结构转变成立方密堆积结构；Li 离子置换 Mn 离子进入晶格间隙，Mn^{4+} 会被还原成 Mn^{3+}，使晶格发生畸变，导致正极材料电化学储能性能不稳定，电池性能快速衰减，层状 $LiMnO_2$ 材料的这些缺点限制了其在锂离子电池方面的应用。为了改善层状 $LiMnO_2$ 材料作为锂离子电池正极材料的电化学学性能，需要进一步采取措施稳定结构、优化生产工艺。例如，在其结构中通过掺杂引入 Co、Ni 等元素改善其循环性能。

2. 尖晶石结构 $LiMn_2O_4$

1983 年，研究者首次将尖晶石结构 $LiMn_2O_4$ 材料用于锂离子电池正极材料，此后其作为正极材料的研究一直受到人们高度关注，它有较多锂离子电池正极材料的优点，如制备成本低，有较好的电子导电和离子导电特性，而且三维空间为尖晶石结构，属于立方晶系，是 Fd3m 空间群，在锂离子电池充放电过程中结构比较稳定。锂离子占据四面体 8a 位，锰离子占据八面体 16d 位，氧离子占据 32e 位，且在空间结构中，O 原子是立方密堆积形式。$LiMn_2O_4$ 结构如图 1-13 所示，可表示为 $Li_{8a}[Mn]_{16d}O_4$。

尖晶石结构有其独特的空间堆积方式，其晶胞边长是面心立方结构的 2 倍。因此，$LiMn_2O_4$ 尖晶石结构可以被视为复杂结构的立方结构构型，单个晶胞中有 56 个原子，其中，8 个 Li 原子位于 64 个四面体间隙位（8a）的 1/8，16 个 Mn 原子位于 3 个八面体间隙位的一半（16d），此外一半八面体空着（16c），该晶胞结构中含有 32 个 O 原子。作为锂离子电池的正极材料，Li 原子可以通过 $LiMn_2O_4$ 尖晶石的空着紧挨着的四面体和八面体间隙沿着 8a—16c—8a 通道实现嵌入和脱嵌，从而实现锂离子电池的充放电过程。

研究发现，$LiMn_2O_4$ 作为锂离子电池正极材料，在电池充放电过程中，存在 3 V 和 4 V

两个电压平台，如图 1-14 所示，这主要是因为 $LiMn_2O_4$材料中 Mn 元素平均化学价为+3.5，在充电过程中，由于 Jahn-Teller 效应，Mn^{3+}会引起 $LiMn_2O_4$材料晶胞大小和结构变化，此时尖晶石结构向四面体转化，引起比容量衰减。4 V 电压平台形成的原因是锂从四面体 8a 位置脱嵌；3 V 电压平台形成的原因是锂嵌入空着八面体 16c 位置。当锂离子电池在4 V 电压平台循环充放电时，$LiMn_2O_4$材料保持着稳定的尖晶石结构的对称性，而在 3 V 电压平台充放电时，会引起 $LiMn_2O_4$的立方体和四面体之间的相转变，Mn^{4+}还原成 Mn^{3+}，导致 Jahn-Teller 效应，造成比容量衰减。图 1-14 为尖晶石结构 $LiMn_2O_4$锂离子电池充放电曲线。

视频 3　尖晶石结构

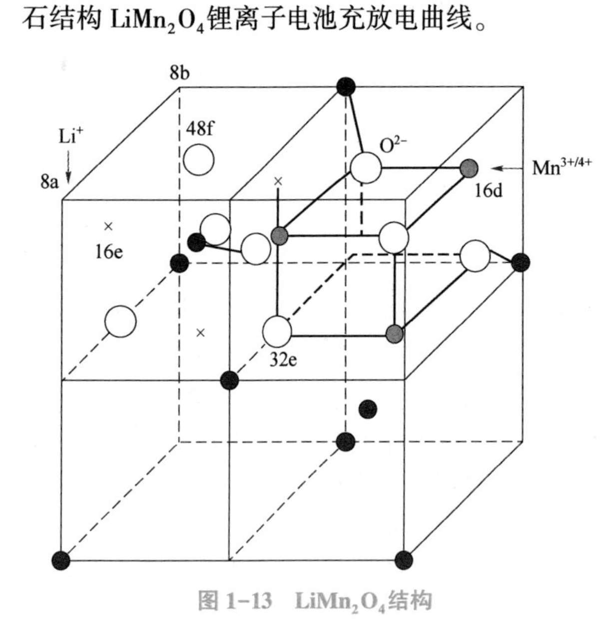

图 1-13　$LiMn_2O_4$结构

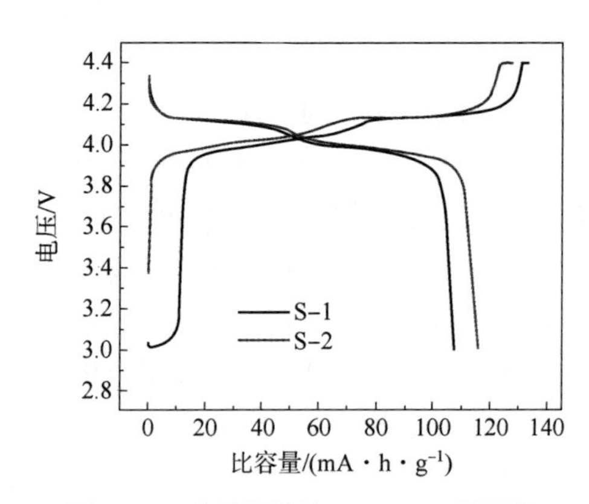

图 1-14　尖晶石结构 $LiMn_2O_4$锂离子电池充放电曲线

尖晶石结构 $LiMn_2O_4$中，Mn 和 O 构成 MnO_6八面体，当发生 Jahn-Teller 效应时，Mn—O 键沿着 c 轴变长，a 轴和 b 轴方向缩短，导致 c/a 值变化高达 16%，晶胞体积增大 6.5%，较大的晶格参数的变化会引起表面的粒子发生破裂，颗粒之间也会变得松弛，这种结构上的变形，破坏了尖晶石结构，破坏了 Li 离子在充放电过程中的三维脱嵌通道，导致锂离子电池充放电性能变差。

尖晶石结构 $LiMn_2O_4$作为锂离子电池的正极材料也存在一些缺点：

（1）理论和实际比容量均较低。尖晶石结构 $LiMn_2O_4$的理论比容量为 148 mA · h/g，实际比容量在 120 mA · h/g 左右，与层状结构 $LiCoO_2$ 和 $LiMnO_2$ 材料相比均低较多。

（2）在长期使用过程中，Mn 会溶解。当放电过程结束时，电池体系中 Mn^{3+}的浓度最高，容易发生副反应 $2Mn^{3+}_{solid} \longrightarrow Mn^{4+}_{solid} + Mn^{2+}_{solution}$，其中 Mn^{2+}会溶解到电解质中。

（3）发生 Jahn-Teller 效应。在深度放电过程中，$LiMn_2O_4$结构不稳定，尖晶石结构中 MnO_6八面体会转变成四面体结构，导致比容量衰减。

（4）不耐高温。尖晶石结构 $LiMn_2O_4$在较高的温度下使用时，电池的比容量会迅速衰减，而且自放电较为严重。

目前在提高尖晶石结构 $LiMn_2O_4$的结构稳定性和电化学储能性能方面，掺杂其他元素是最有效的方法之一。研究者做了大量的工作，通过 Al、Cr、Co、Ni、Ga、Mg、Ti、Ru、Fe、Zn 等元素掺杂，在尖晶石结构中取代部分 Mn 元素，来提高 $LiMn_2O_4$的电化学储能性能。也有一些研究者，通过修饰 $LiMn_2O_4$颗粒的表面制备了复合正极材料，也取得了较大的进展。例如，表面包覆 TiO_2、ZrO_2、Al_2O_3、ZnO 和 SnO 等，均使尖晶石结构 $LiMn_2O_4$的电化学储能性能有明显的提升。

3. 正交结构 $LiMnO_2$

正交结构 $LiMnO_2$具有 β-$NaFeO_2$型岩盐结构，属正交晶系，可以简写为 o-$LiMnO_2$，它在热力学上是稳定的，空间群为 Pmnm。正交结构 $LiMnO_2$是由面心立方密堆积排列（稍微有些扭曲）的 O^{2-}构成骨架，Li^+和 Mn^{3+}则占据氧八面体间隙位置；不同的是，Li^+、Mn^{3+}并不形成自己单独的晶面，而是有规律地混层分布成锯齿状，存在 Jahn-Teller 畸变的 MnO_6八面体是具有三类长度不等的 Mn—O 键。不过，正交结构 $LiMnO_2$的高温相产物一直都没有表现能令人注目的电化学储能性能，用于锂离子电池循环性能也较差。

研究者试图通过掺杂稳定 o-$LiMnO_2$的结构以解决其循环稳定性问题，将 Al 和 Co 等元素掺杂在正交结构 $LiMnO_2$中，改善其电化学储能性能。研究表明采用 In 和 S 掺杂提高 o-$LiMnO_2$的电化学储能性能。

1.8.2.4 Li-Ni-Mn-Co-O 三元正极材料

1. Li-Ni-Mn-Co-O 三元正极材料的结构和性质

当加拿大 Jeff Dahn 教授和日本 Ohzuku 教授课题组在 2001 年首次报道了关于 $Li[Ni_xMn_xCo_{1-2x}]O_2$（$x\approx1/3$）材料的研究后，人们开始将这种材料作为锂离子电池正极材料。研究发现，$Li[Ni_xMn_xCo_{1-2x}]O_2$ 具有 $LiCoO_2$ 能量密度高和循环性能稳定的优点，而且成本低，安全性能突出，是非常具有应用前景的锂离子电池正极材料。

对于 $Li[Ni_xMn_xCo_{1-2x}]O_2$（$x\approx1/3$）材料，从结构上来讲，可以认为是 Ni 与 Mn 大量掺杂的 $LiCoO_2$，但是仍然保持着层状结构，为 R3m 空间群，其晶胞参数 $a=0.831$ nm，$c=1.388$ nm，Ni、Mn、Co 随机占据 3b 位置，Li 和 O 分别位于 a 位置和 6c 位置。在 Ni、Mn、Co 随机排列的过程中，锂离子与这些过渡金属原子会发生混排。在 $Li[Ni_xMn_xCo_{1-2x}]O_2$ 晶体结构中，过渡金属层由 Ni、Mn、Co 构成，每个过渡金属原子由 6 个氧原子包围，堆积成 MO_6 八面体结构。在锂离子电池充放电过程中，锂离子在过渡金属和氧原子形成的［$Ni_xMn_zCo_y$］O_2 层之间实现嵌入和脱嵌。$Li[Ni_xMn_xCo_{1-2x}]O_2$ 正极材料的理论比容量为 278 mA · h/g，但是作为电极材料，它的电导率比较低，不利于其电化学性质进一步提高。因此，研究人员试图通过掺杂和包覆修饰等方式来提高其电导率，降低阻抗和极化效应。$Li[Ni_{1/3}Mn_{1/3}Co_{1/3}]O_2$ 结构模型如图 1-15 所示，其中，图 1-15（a）是［$Ni_{1/3}Mn_{1/3}Co_{1/3}$］超晶格层组成的结构模型；图 1-15（b）为 CoO_2、NiO_2 和 MnO_2 层有序排列的简单模型。

在 $Li[Ni_xMn_xCo_{1-2x}]O_2$ 材料中，镍、钴、锰元素的比例不同，其均为层状结构，但是作为正极材料的电化学储能性能却有较大的不同，根据它们的比例不同，$Li[Ni_xMn_xCo_{1-2x}]O_2$ 可以分为 3 类：

（1）Ni：Mn=1，即 Ni、Mn 等量，如 $Li[Ni_{0.33}Mn_{0.33}Co_{0.33}]O_2$ 和 $Li[Ni_{0.4}Mn_{0.4}Co_{0.2}]O_2$，这类材料在锂离子充放电的过程中，Mn 的化学价不发生变化，能较好地提高材料循环性能。

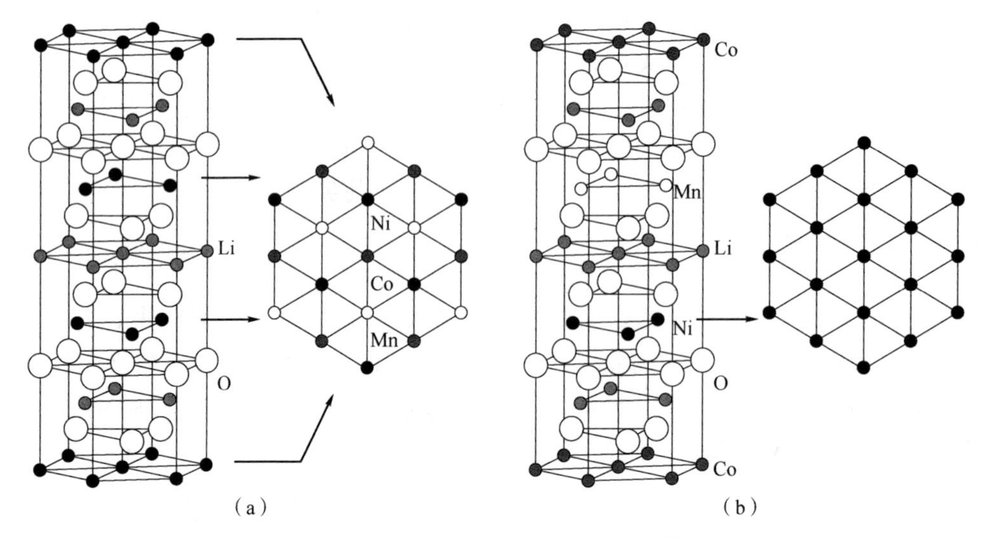

图 1-15 $Li[Ni_{1/3}Mn_{1/3}Co_{1/3}]O_2$ 结构模型

(a) $[Ni_{1/3}Mn_{1/3}Co_{1/3}]$ 超晶格层组成的结构模型；(b) CoO_2、NiO_2 和 MnO_2 层有序排列的简单模型

(2) 高 Ni 型三元正极材料，如 $Li[Ni_{0.5}Mn_{0.3}Co_{0.2}]O_2$、$Li[Ni_{0.6}Mn_{0.2}Co_{0.2}]O_2$ 和 $Li[Ni_{0.8}Mn_{0.1}Co_{0.1}]O_2$。这类材料中 Mn 起稳定三元正极材料结构的作用，当 Ni 含量增加时，材料的比容量会增大，同时，阳离子的混排也会增大，材料的稳定性会降低，因此，对于高 Ni 型三元正极材料而言，Ni 的含量不宜过高，过高会使材料的结构混排严重，导致电池稳定性变差。

(3) 富锂三元正极材料，如 $xLi_2MnO_3 \cdot (1-x)LiMO_2(0<x<1, M=Mn, Co, Ni)$，这类材料是由 Li_2MnO_3 和 $LiMO_2$ 组成的，根据 x 值和 M 元素的种类不同，可以有很多种类。当 x 值较大时，材料中就有较多的锂离子嵌入和脱嵌；当 x 值超过材料结构稳定所能承受的数量时，材料的整体结构可能会崩溃；但是如果 x 值比较小，电池的比容量又比较低。因此，制备这类材料时，首先要设计好 x 的值，使其既能满足电池性能的需要，又能保持材料的结构稳定。

目前，Li-Ni-Mn-Co-O 三元正极材料已经能满足绝大部分电动汽车对锂离子电池性能的要求，但是其能量密度还需要进一步提高，才能拓宽它在更大范围的应用。

2. $Li[Ni_xMn_xCo_{1-2x}]O_2$ 三元正极材料的制备方法

目前，主要采用以下几种方法来合成 $Li[Ni_xMn_xCo_{1-2x}]O_2$ 三元材料。

1) 共沉淀法

共沉淀法能使原料达到分子间的混合，容易实现产物颗粒形貌的控制，而且制备的材料纯度较高，颗粒粒径较小。采用共沉淀法合成 $Li[Ni_xMn_xCo_{1-2x}]O_2$，先合成 Ni、Co、Mn 三元混合共沉淀前驱体，然后再经过过滤和干燥，最后把 Ni、Co、Mn 三元混合共沉淀前驱体与锂盐混合一起高温烧结。Z. Lu 等通过如下过程得到 $Li[Ni_xMn_xCo_{1-2x}]O_2$ 正极材料：将 $Co(NO_3)_2 \cdot 6H_2O$、$Ni(NO_3)_2 \cdot 6H_2O$ 和 $Mn(NO_3)_2 \cdot 6H_2O$ 共同溶解于蒸馏水中形成溶液，然后将该溶液缓慢加入 $LiOH \cdot H_2O$ 溶液中，得到沉淀，经过滤、洗涤和干燥以后，将其与等化学计量比的 $LiOH \cdot H_2O$ 充分混合，在 900 ℃ 加热 3 h，即得到最终产物 $Li[Ni_xMn_xCo_{1-2x}]O_2$，最后将它用于锂离子电池正极材料，表现良好的电化学储能性能。有的研究者在氮气气氛下，将 $NiSO_4$、$CoSO_4$ 和 $MnSO_4$ 制成溶液，然后加入螯合剂 NaOH 和

NH_4OH 溶液中，采用共沉淀法制备了 $Li[Ni_xMn_xCo_{1-2x}]O_2$ 正极材料。将酒石酸钾钠作为螯合剂，采用共沉淀法也可以合成 $Li[Ni_xMn_xCo_{1-2x}]O_2$。此外，采用碳酸盐共沉淀法也可以制备层状 NiCoMn 三元材料，这个方法制备的三元材料，Li 源对三元材料的电化学储能性能有显著的影响，使用 LiOH 为 Li 源时，有利于提高三元材料的振实密度，从而提高锂离子电池的电池化学能。

2）高温固相反应法

高温固相反应法是将固体原料混合直接在高温下进行的固相反应，是目前三元材料生产中广泛使用的一类方法。为了提高化学反应速度，需要将反应原料加热到较高的温度，其过程需要满足固相反应热力学和动力学的热量要求。由物理化学知识可知，化学反应热力学是通过反应的自由能变化判定化学反应能否进行，而化学反应动力学则对化学反应速度起决定作用。在生成 $Li[Ni_xMn_xCo_{1-2x}]O_2$ 材料的过程中，原子或离子穿过各物相之间的界面，并在各个物相区相互扩散，而反应的推动力是反应和生成物之间的自由能差，自由能差越大，反应越容易进行，反应速度也越大。

采用高温固相反应法制备锂离子电池三元正极材料的设备和工艺都不复杂，反应工艺参数也比较容易控制，易于大规模工业化生产，目前这类技术是工业上最重要的制备锂离子电池三元正极材料的技术。通常将锂盐与 Ni、Co、Mn 的氧化物、氢氧化物或醋酸盐充分混合，然后在空气气氛中高温烧结，获得 $Li[Ni_xMn_xCo_{1-2x}]O_2$ 三元材料。如在 700~900 ℃下，烧结 $LiOH \cdot H_2O$、$Ni(OH)_2$、γ-MnOOH 和 Co_3O_4均匀混合物，也可以得到 $Li[Ni_xMn_xCo_{1-2x}]O_2$ 材料。当采用高温固相反应法制备 $Li[Ni_xMn_xCo_{1-2x}]O_2$ 材料时，在工艺上容易混料不均匀，不易形成均相三元产物，因此，制备过程的工艺参数对产物的品质有重要的影响。

3）溶胶-凝胶法

溶胶-凝胶法是无机粉体材料常见制备方法，其过程简单，易于操作，制备材料的成本较低，该技术也是制备锂离子电池三元正极材料重要方法。以 Li、Ni、Co、Mn 的醋酸盐为原料，以乙醇酸为螯合剂，首先形成溶胶，再制成凝胶，经干燥和高温热处理得到 $Li[Ni_xMn_xCo_{1-2x}]O_2$材料。如以醋酸锂、醋酸镍、醋酸钴和硝酸锰为原料，以柠檬酸为螯合剂，采用溶胶-凝胶法制备 $Li[Ni_xMn_xCo_{1-2x}]O$ 材料，其作为锂离子电池的正极材料，表现典型的电化学储能性能。采用溶胶-凝胶法制备电极材料，能够降低电池的制造成本，在制备锂离子电池三元电极材料时，经常使用这一方法，以 $LiNO_3$、$Ni(NO_3)_2 \cdot 6H_2O$、$Co(NO_3)_2 \cdot 6H_2O$和$Mn(NO_3)_2 \cdot 4H_2O$为原料，然后以柠檬酸和乙二醇为螯合剂，在高温下烧结也可以得到 $Li[Ni_{1/3}Mn_{1/3}Co_{1/3}]O_2$ 材料。

4）水热合成法

水热合成法是一种常用的材料合成方法，一般情况下在高压反应釜中进行。在水热反应过程中，水为反应介质，这种方法有两个典型的特点：①反应温度不高，一般在 300 ℃下；②反应在密闭的容器中进行，避免了反应物的挥发。有的研究者采用水热合成法制备了 $Li[Ni_xMn_yCo_{1-x-y}]O_2$ 材料，首先制备了球形形貌的$[Ni_xMn_yCo_{1-x-y}](OH)_2$ 三元前驱体，然后将$[Ni_xMn_yCo_{1-x-y}](OH)_2$ 与 LiOH 水溶液混合，放入高压反应釜中进行水热反应，可以得到 $Li[Ni, Co, Mn]O_2$材料前驱体，最后在高温下加热处理，得到最终产物 $Li[Ni_xMn_yCo_{1-x-y}]O_2$ 材料。获得的产物用于锂离子电池正极材料，表现很好的电化学储能性能。

5）其他方法

除了上述制备三元材料的方法，研究者也一直在开发新的三元材料的制备技术。例如，

采用喷雾干燥法合成 $Li[Ni_xMn_yCo_{1-x-y}]O_2$ 材料，将 Mn_2O_3、Co_3O_4、NiO、Li_2CO_3均匀分散到去离子水中，然后将得到的混合浆液送入喷雾干燥器中，获得前驱体材料，最后将前驱体材料高温处理，获得 $Li[Ni_xMn_yCo_{1-x-y}]O_2$ 三元正极材料，将其用于锂离子电池，表现良好的电化学储能性能。也有研究者采用 Ni、Co、Mn 的醋酸盐以及 Li_2CO_3混合液使用喷雾干燥法获得前驱体材料，然后高温处理前驱体材料制备 $Li[Ni_xMn_yCo_{1-x-y}]O_2$ 三元正极材料。也可将 Li、Ni、Co、Mn 的硝酸盐和甘氨酸溶液混合，将液体蒸干，然后再将固体直接燃烧去除有机残留物，最终得到 $Li[Ni_xMn_yCo_{1-x-y}]O_2$ 材料。

3. $Li[Ni_xMn_yCo_{1-x-y}]O_2$ 三元正极材料改性

尽管 $Li[Ni_xMn_yCo_{1-x-y}]O_2$ 三元正极材料用于锂离子电池，可表现良好的电化学储能性能，但是仍然不能完全满足实际应用的需要，因此需要对材料进行改性，进一步提升材料的性能。目前，一般采用掺杂和包覆方法对其进行改性。

1）掺杂改性

碱金属掺杂能够显著提升 $Li[Ni_xMn_yCo_{1-x-y}]O_2$ 三元正极材料的电化学储能性能。例如，Mg 掺杂能够取代 $Li[Ni_xMn_yCo_{1-x-y}]O_2$ 中的 Mn 元素，改善电极材料比容量和热稳定性。通过掺杂，在 $Li[Ni_xMn_yCo_{1-x-y}]O_2$ 中引入 Na 元素，能够减小锂离子电池的充放电阻抗，这是由于 Na 离子在 $Li[Ni_xMn_yCo_{1-x-y}]O_2$ 层中起到了支撑作用，更易于锂离子在层之间的嵌入和脱嵌。研究者通过在 $Li[Ni_xMn_yCo_{1-x-y}]O_2$ 中引入 Si 元素，明显地提升了其比容量和循环性能，这种现象可归因于引入 Si 元素后，$Li[Ni_xMn_yCo_{1-x-y}]O_2$ 晶格参数增大。采用共沉淀法将过渡金属（如 Cr）引入 $Li[Ni_xMn_yCo_{1-x-y}]O_2$ 中，能够有效地提高 $Li[Ni_xMn_yCo_{1-x-y}]O_2$ 锂离子电池的循环性能。研究发现，将 Al 或 Fe 掺杂到 $Li[Ni_xMn_yCo_{1-x-y}]O_2$ 中，能够改变其晶格参数和充放电平台，也能提升锂离子电池的热稳定性，而用 Sn 取代 $Li[Ni_xMn_yCo_{1-x-y}]O_2$ 材料中 Mn 元素，能提高锂离子在材料中的扩散，提高其电化学储能性能。实际上，在$Li[Ni_xMn_yCo_{1-x-y}]O_2$材料中掺杂 Ti、Al 和 Fe 能改善其电化学储能性能。例如，掺杂 Ti、Al 能够显著提高锂离子电池的比容量、循环性能和倍率性能，而只掺杂 Fe 反而会使电池的性能变差。

Piskin 等人研究了 W 和 Mo 掺杂 $Li[Ni_xMn_yCo_{1-x-y}]O_2$ 材料的电化学储能性能。他们通过在三元材料 $Li[Ni_xMn_yCo_{1-x-y}]$ 中控制掺杂元素 W 和 Mo 的量来调控其形貌，积聚在一起的纳米颗粒具有较小的内电阻和较短的电子迁移距离，从而使锂离子电池具有较高的放电比容量。

2）包覆改性

包覆改性也是提高 $Li[Ni_xMn_yCo_{1-x-y}]O_2$ 材料的电化学储能性能的重要方法。对 $Li[Ni_{1/3}Mn_{1/3}Co_{1/3}]O_2$进行碳包覆处理，发现经过表面包覆改性后的样品热稳定性和电化学储能性能都得到显著提高。对 $Li[Ni_xMn_yCo_{1-x-y}]O_2$ 材料表面进行 $LiAlO_2$ 包覆处理，包覆后锂离子电池的倍率性能有比较明显的改善。采用 Al_2O_3对 $Li[Ni_{1/3}Mn_{1/3}Co_{1/3}]O_2$ 进行包覆改性，能够提高其循环性能和倍率性能，其原因是 Al_2O_3薄层阻止了 $Li[Ni_{1/3}Mn_{1/3}Co_{1/3}]O_2$ 材料与电解液的反应，Al_2O_3层的厚度越薄，锂离子电池的比容量增大越明显，倍率性能也明显改善。实验表明，Al_2O_3层对锂离子的嵌入和脱嵌并没有产生干扰。Zhai 等人报道了在$Li[Ni_xMn_yCo_{1-x-y}]O_2$材料表面构筑了 2 nm 厚的 Al_2O_3层。Al_2O_3层改变了电极材料与电解液的界面组成，对电极材料的性能产生较为明显的影响，改善了锂离子电池的循环性能，使其在循环 80 次后，其比容量还能保持 84.7%。若构筑纳米 $AlPO_4$包覆 $Li[Ni_{0.8}Mn_{0.1}Co_{0.1}]O_2$结构，其也能有效地提升材料的电化学储能性能，而且 $AlPO_4$包

覆层减少了$Li[Ni_{0.8}Mn_{0.1}Co_{0.1}]O_2$与电解液之间的放热反应，使锂离子电池的安全性得到较好的改善。通过CeO_2对$Li[Ni_{1/3}Co_{1/3}Mn_{1/3}]O_2$材料表面进行包覆改性，研究发现1.0%$CeO_2$表面包覆改性的样品在3 C的倍率下充放电循环12次，比容量仍然保持93.2%。同样，采用TiO_2和Y_2O_3对$Li[Ni_{1/3}Mn_{1/3}Co_{1/3}]O_2$材料进行表面包覆改性，锂离子电池的循环性能得到提高。研究者用AlF_3对$Li[Ni_{1/3}Mn_{1/3}Co_{1/3}]O_2$材料进行包覆改性后用于锂离子电池，发现包覆后的$Li[Ni_{1/3}Mn_{1/3}Co_{1/3}]O_2$材料具有更好的循环性能、倍率性能和热稳定性能，而且包覆层并没有阻碍锂离子的嵌入或脱嵌。

1.8.2.5　$LiFePO_4$正极材料

1. $LiFePO_4$结构

$LiFePO_4$作为锂离子电池正极材料，其结构为橄榄石结构，如图1-16所示，在空间堆积结构中，PO_4四面体和FeO_6八面体构成$LiFePO_4$的空间主体结构，磷原子在四面体的4c位，而在八面体中，铁原子占据4c位，锂原子位于4a位。此外，一个PO_4四面体和两个LiO_6八面体与FeO_6八面体存在共边，而一个PO_4四面体还与两个LiO_6八面体有共边。$LiFePO_4$作为锂离子电池正极材料，理论比容量为170 mA·h/g，电压平台约为3.4 V，目前，$LiFePO_4$实际比容量约为160 mA·h/g。

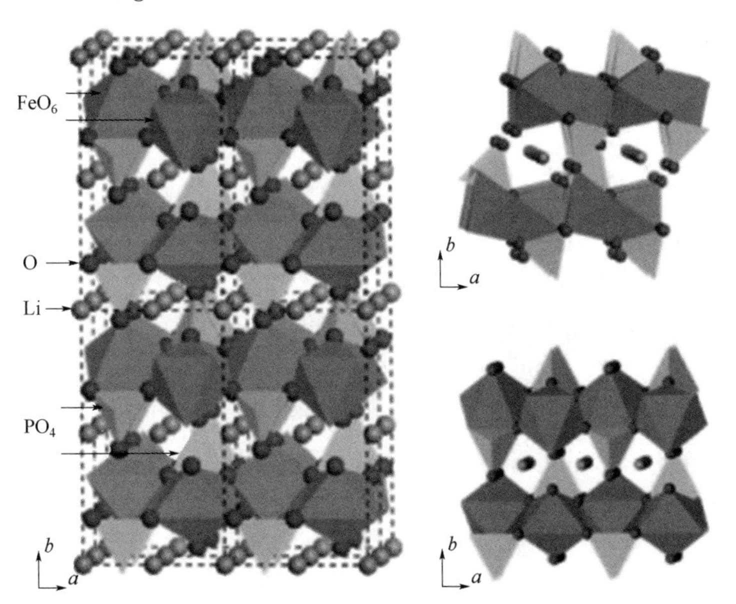

图1-16　PO_4四面体和FeO_6八面体构成$LiFePO_4$的空间主体结构

2. $LiFePO_4$的电化学储能性能及改善措施

作为锂离子电池正极材料，$LiFePO_4$材料导电性差，导致其实际比容量只有理论比容量的60%左右。在锂离子电池的充放电过程中，锂离子在界面扩散速度控制着充放电的速度，而温度、电流密度等因素都会对锂离子在界面的扩散速度产生影响，然而，$LiFePO_4$材料导电性较差，只有在小电流密度充放电时，锂离子才能实现在界面充分扩散，因此以$LiFePO_4$为正极材料的锂离子电池，只有在小电流密度下工作，才能表现良好的电化学储能性能；在高电流密度充放电时，因锂离子在界面不能充分扩散，表现较差的电化学储能性能，这个特

点一直制约着 $LiFePO_4$材料作为锂离子电池正极材料的应用。为此，国内外研究者采取了掺杂和包覆等方法对 $LiFePO_4$材料的性能进行改性，从而促进其应用。改性提升方法有以下几种：

1）掺杂改性

针对 $LiFePO_4$作为锂离子电池正极材料的缺点，研究者采用掺杂不同的元素来提高其电化学储能性能。在 $LiFePO_4$中引入少量其他金属元素，如 Ti、Zr、Nb 、Mg、Al、W，部分取代其结构中的 Li，能够显著地提升其导电性，其电导率可以由 10^{-10} S/cm 增大到 10^{-3} S/cm，极大地改善了 $LiFePO_4$材料的电化学储能性能。用 Cr 取代 $LiFePO_4$中的 Li，也能较好地提升 $LiFePO_4$材料的导电性。将 Ni、Co 和 Mg 引入 $LiFePO_4$材料，能够显著地增大其比容量和循环性能。研究还发现，将 Si 掺杂到 $LiFePO_4$中，会提高材料中离子导电性能，但是电子导电性能有所下降。

Liu 等人报道了 Ni 掺杂 $LiFePO_4$正极材料的电化学储能性能。研究结果表明，适当量的 Ni 掺杂能够有效地提升 $LiFePO_4$材料的电化学储能性能。在 0.1 C 条件时，其放电比容量为 167.8 mA · h/g，循环 50 次以后，其比容量保持率为 91.7%。Gao 等研究了 Zr 和 Co 共掺杂 $LiFePO_4$的结构和性能，在 $LiFePO_4$材料中引入 Zr 和 Co，降低了其能带宽度，其结构仍然保持橄榄石结构，如图 1-17 所示。Zr 的掺杂提高了其结构稳定性，增长了 Li—O 键，调节了材料的形貌，改善了电化学储能性能。在优化条件下，$Li_{0.99}Zr_{0.0025}Fe_{0.99}Co_{0.01}PO_4$材料作为锂离子电池正极材料，在 0.1 C 时，其比容量为 139.9 mA · h/g，循环 50 次后，其比容量保持率为 85%。这些研究结果表明，通过掺杂引入其他的元素是改善 $LiFePO_4$电化学储能性能的一种有效方法。

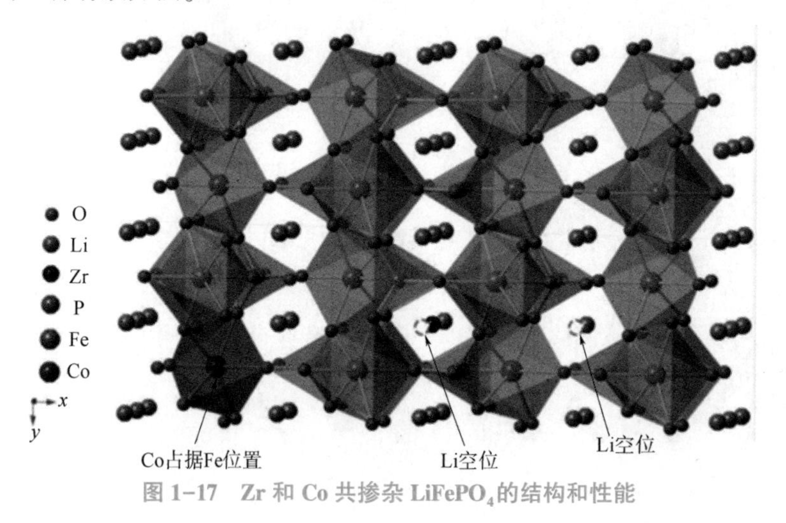

图 1-17　Zr 和 Co 共掺杂 $LiFePO_4$的结构和性能

彩图 1-17

2）包覆改性

在改性 $LiFePO_4$电化学储能性能的技术中，用其他材料对其进行包覆是重要和有效的技术之一。例如，对 $LiFePO_4$材料进行碳包覆，使锂离子电池的比容量提升较大，实际比容量可以达到 160 mA · h/g。为了缓解锂离子在充放电过程的扩散受限，研究采取降低焙烧温度、减小 $LiFePO_4$颗粒大小的方法，取得明显效果，在 500 ℃合成 $LiFePO_4$的放电比容量可以达到理论比容量的 95%以上。采用 CH_3COOLi、$(CH_3COO)_2Fe$ 和 $NH_4H_2PO_4$ 与碳凝胶制备 $LiFePO_4$/C 复合材料，将其用作锂离子电池正极材料，在 0.5 C 倍率下充放电比容量为

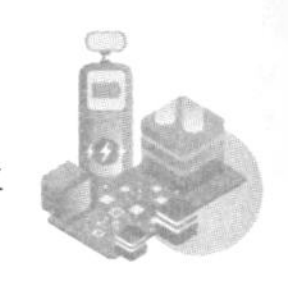

153 mA·h/g，其最大比容量为 10 mA·h/g。减小 $LiFePO_4$颗粒大小和对其进行包覆改性能提高 $LiFePO_4$电化学储能性能。以碳和糖作为 $LiFePO_4$导电剂，对其进行包覆改性，制备 $LiFePO_4/C$ 复合材料，也能改善锂离子电池的电化学储能性能。在 $LiFePO_4$颗粒的表面覆盖一层 $LiFePO_4$玻璃态物质，构成复合结构，使其具有更好的离子和电子传导性，能够实现快速充放电，在 9 s 内就能完成充放电过程，比商用锂电池快了 100 倍。研究表明，在 $LiFePO_4$材料中，适当地引入导电性能很好的金属元素 Cu 和 Ag，可以较大改善材料的导电性能，提高锂离子电池的比容量，这是因为金属元素在材料中充当电桥的作用，增强了颗粒之间的导电性能，减小了粒子之间的电阻。

1.9　锂离子电池负极材料

负极材料是锂离子电池的重要组成部分，对电池的电化学储能性能有重要的影响。目前，在锂离子电池中使用最多的负极材料是石墨化碳材料，也有少部分非石墨化的硬碳用于锂离子电池。

1.9.1　碳基负极材料

在锂离子电池负极材料中，碳材料是最重要的一类负极材料，根据碳材料的研究现状，一般可分为五大类：石墨、硬碳、软碳、碳纳米管和石墨烯。而石墨又可分为人造石墨、天然石墨和石墨化碳材料等。

碳材料是 C—C 键六方形结构，C—C 键长约为 0.14 nm，每一层都构成石墨片面，而多层石墨片面在空间堆积成层状石墨结构。一般用 X 射线衍射确定：$d00(\text{nm})=\lambda/\sin\theta$；$La(\text{nm})=0.184/(\beta\cos\theta)$；$Lc(\text{nm})=0.089\lambda/(\beta\cos\theta)$，其中，$\lambda$、$\beta$、$\theta$ 分别为 X 射线波长、半峰宽、衍射角。石墨层面是 C—C 共价键（σ 键）加共轭 π 键，π 键与 3 个 σ 键垂直，π 电子可自由地在层间漂移，进行导电；石墨层间为较弱的范德华力。图 1-18 为石墨晶体的主要结构参数。

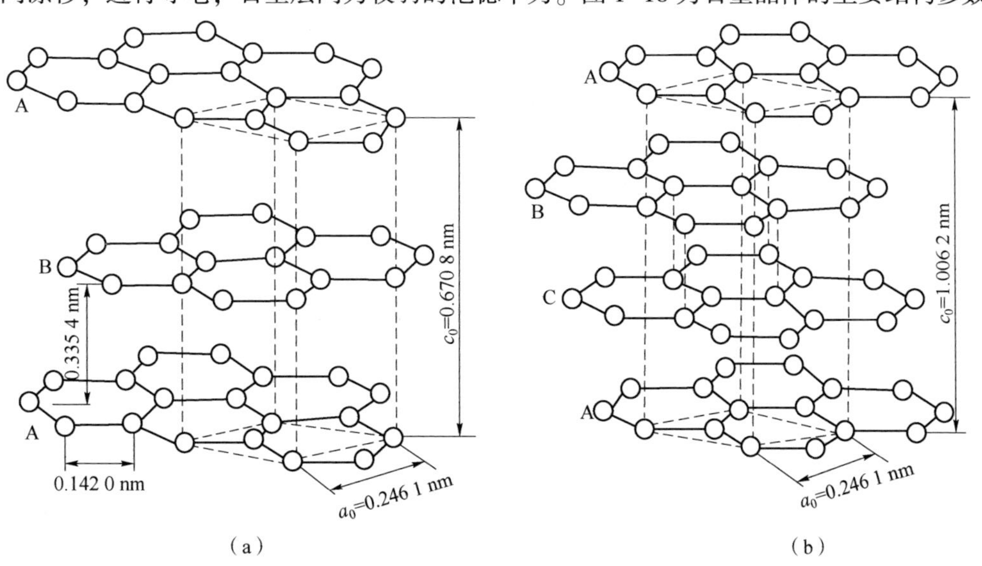

图 1-18　石墨晶体的主要结构参数

(a) 六方晶系石墨；(b) 三方晶系石墨

碳材料一般根据石墨化难易程度分为软碳和硬碳，比较容易实现石墨化的称为软碳，反之，称为硬碳；而实际上，这种分类并不十分科学，如软碳中，如果石墨化的温度不同，也会存在无定形碳和石墨化碳的比例上的不同。从晶体上对碳材料进行分类更为科学，即碳材料分为石墨化碳材料和无定形碳材料。

石墨是用作锂离子电池负极材料最多的一类材料，它主要包括人造石墨、天然石墨和石墨化碳材料。在锂离子电池中，石墨负极材料由于层状结构易于大量的锂离子嵌入/脱嵌，锂离子电池比容量较大。锂离子在石墨层的间隙会形 Li_xC（$x \leqslant 1$），其理论比容量为 376 mA · h/g。在以石墨为负极材料的锂离子电池中，其性能比较容易受电解液的影响，石墨与有机溶剂相容性较差，而且有的电解液易与石墨表面发生化学反应，也有的电解液容易进入石墨层，使石墨层发生膨胀，甚至剥离，这些不利因素都会使石墨作为负极材料的性能变差，从而使锂离子电池的性能下降。所以当以石墨为锂离子电池的负极材料时，对电解液有较为严格的要求。按照化学计量比或者非化学计量比嵌入/脱嵌，能有效地增加电池的比容量。例如，LiC_6的理论比容量为 376 mA · h/g，而非化学计量比嵌入/脱嵌的碳负极材料的理论比容量可达 1 000 mA · h/g，其电化学过程如下：

负极充电反应：$6C+xLi^{+}+xe^{-} \longrightarrow Li_xC_6$

负极放电反应：$Li_xC_6 \longrightarrow 6C+xLi^{+}+xe^{-}$

正极充电反应：$LiMO_2 \longrightarrow xLi^{+}+Li_{1-x}MO_2+xe^{-}$

正极放电反应：$xLi^{+}+Li_{1-x}MO_2+xe^{-} \longrightarrow LiMO_2$

在锂离子电池充电过程中，负极材料将锂离子通过化学反应捕获并存储起来，同时，外部的功以能量的形式存储到电池中。在放电过程中，锂离子从碳负极材料脱嵌，电池对外做功，因此，负极材料要有较好地存储锂离子的性能。目前使用的碳负极材料主要包括石墨、碳纤维、热解碳和玻璃碳等，其中石墨具有较好的嵌入/脱嵌锂离子的特性，能够为锂离子电池提供高且稳定的工作电压。

Kang 等采用三维碳纳米管作为锂离子电池的负极材料，并系统地分析了其电化学储能性能。碳纳米管具有较大的比表面积、较好的导电性和锂离子导电性能，是一类比较好的锂离子电池负极材料。在他们的研究中，采用多壁碳纳米管构筑了 3D 结构，可以负载更多的活性材料，会有更多的锂离子，展现了优异的电化学储能性能。结果表明，与 Cu 负极材料相比，采用 3D 结构碳纳米管作为负极材料，锂离子电池的比容量提高了 50%。在碳纳米管上沉积非晶硅薄层，还可以进一步提高锂离子电池的电化学储能性能。

1.9.2 非碳基负极材料

目前，用于锂离子电池的非碳基负极材料主要包括 Si 基材料、Sn 基材料、钛酸锂材料和过渡金属氧化物材料等。

（1）Si 基材料。

C 和 Si 在元素周期表中位于同一主族，而且 Si 与 Li 也能形成 $Li_{12}Si_7$、Li_7Si_3 等合金材料，因此研究者也研究了 Si 基材料用于锂离子电池的负极材料。研究发现，以 Si 基材料为负极材料的锂离子电池也具有较高的比容量，可达 400 mA · h/g，而且在放电过程中，锂离子从 Si 基材料脱嵌时，具有较低的脱嵌锂电压。此外，Si 基材料比较稳定，不易与电解液发生化学反应。

Tesfaye 等人研究了 Si 纳米管作为锂离子电池负极材料的电化学储能性能。他们把 Si 纳米管构筑成三维结构，该结构提供了较大的比表面积，有效地提高了电池的电化学储能性能。锂离子电池第 2 次循环的放电比容量为 3 095 mA · h/g，库仑效率为 61%，展现了良好的锂离子电池材料性能。

（2）Sn 基材料。

Sn 基材料是重要的锂离子电池负极材料，具有较高的比容量，一直被认为是非常有发展前景的负极材料。Sn 基材料用作锂离子负极材料可逆比容量较大，如在锡氧化物中，通过掺杂引入一些非金属元素，可以得到无定形复合氧化物，其比容量可达到 600 mA · h/g 以上。Chang 等人研究了 Sn 负极锂离子电池性能，Sn 薄膜的结构和形貌对锂离子电池的电化学储能性能有较大的影响。通过优化条件，锂离子电池放电比容量为 592. 1 mA · h/g。研究结果还表明，Sn 颗粒的增大会使锂离子电池的比容量和循环性能变差。因此，要提高 Sn 负极锂离子电池性能，需要调控 Sn 基材料的结构和形貌。

尽管 Sn 基材料具有许多优越的性能，但是在应用中 Sn 基材料也有一些缺点，如比容量衰减较快、放电过程中体积膨胀较大、电极粉化严重等。因此，研究者一直针对这些不利因素进行研究，发展有效的技术来克服这些缺点，促进其实际应用。

（3）钛酸锂材料。

钛酸锂（$Li_4Ti_5O_{12}$）作为锂离子电池的负极材料，理论比容量为 175 mA · h/g，具有安全、寿命长等特征，而且能够实现快速充放电。钛酸锂具有尖晶石结构，锂离子能够较为容易地在材料中实现嵌入和脱嵌，具有良好的功率性能和高低温性能。相比于碳材料，钛酸锂电位较高，不易形成电解液和固体电极之间的固液层。钛酸锂负极材料具有较高的充放电平台（1. 55 V vs Li^+/Li），可以避免锂枝晶的生长，从而提升材料的使用寿命，使锂离子电池更加安全。Li 等人研究了 $Li_4Ti_5O_{12}$ 纳米线阵列作为负极材料锂离子电池的性能，结果表明，Ti 离子提高了锂离子电池的电化学储能性能，在 0. 2 C 放电时，其比容量高达 173 mA · h/g，在 5 C 充放电时，循环 100 次后，其比容量衰减率仅为 5%，表现了良好的循环稳定性，也说明了其作为锂离子电池负极材料的应用潜力。

（4）过渡金属氧化物材料。

自从 1993 年研究者发现锂离子能够嵌入钒氧化物，人们就开始关注过渡金属氧化物作为锂离子电池负极材料的性能研究。钒氧化物的理论比容量高达 800~900 mA · h/g，而且在较大的电位下，容 Li 量较大。研究者探讨了多种过渡金属氧化物负极材料的电化学储能性能，如 CoO、Co_3O_4、NiO、FeO、CuO 以及 RuO 都呈现较高的可逆比容量，可达 400~1 000 mA · h/g，且循环稳定性也较好。体相 Li_2O 材料并不是较好的电子和离子半导体材料，当 Li 离子嵌入过渡金属氧化物后，会形成纳米复合材料，过渡金属 M 和 Li_2O 的尺寸在 5 nm 以下，由于纳米材料独特的性能，在如此小的尺寸下，纳米材料表现极大的表面活性，这对充放电反应的电化学反应是非常有利的，能够提升负极材料的电化学活性。这样的性质在过渡金属硫化物中也能观测到，纳米复合材料有利于改善负极材料的电化学活性。特别是对于电导率较高的过渡金属氧化物或硫化物，如 RuO 等，其第 1 次循环充放电库仑效率高达 98%，可逆比容量达 1 100 mA · h/g。Li 等研究了 Co_3O_4 纳米线作为负极的锂离子电池性能，在 1 C 充放电时，充放电 20 次后，其比容量保持在 700 mA · h/g，即使在 50 C 充放电时，其比容量率也在 50%。他们的研究结果表明，Co_3O_4 纳米线是较好的锂离子电池负极材料。

1.10 锂离子电池主要应用和发展趋势

锂离子电池作为新能源器件在消费电子产品领域有非常广泛的应用，不同领域对锂离子电池的技术要求不同，需要进一步发展锂离子电池技术。因此，锂离子电池需要在其能量密度、功率密度、循环性能、安全性能、温度特性等方面进一步改善。针对不同需要，未来锂离子电池技术需要重点发展以下方向：

（1）高能量密度电源。

对于用在无线信息通信办公产品和数字娱乐产品的锂离子电池，需要较高的电池能量密度，目前的锂离子电池能量密度多在150~200 W·h/kg。若能量密度达到200 W·h/kg以上，且电池的循环次数在300~1 000次，功率密度在200~1 000 W/kg，则会扩大锂离子电池在该领域的应用。对于锂离子电池的一些军事用途，尽管循环性能的要求要低一些，但是对锂离子电池的能量密度要求也比较严格。

（2）高功率密度动力电源。

对于大功率器件如交通运输工具、电动工具等，锂离子电池作为大功率动力电源，需要进一步提升其功率密度。今后大功率器件对锂离子电池功率密度的要求在2 000~10 000 W/kg，目前锂离子电池的性能还不能满足需要，因而需要开发高功率密度的锂离子电池，要求其能量密度能达到40~60 W·h/kg。如果上述发展目标能够实现，将可以在各类应用中取代目前的铅酸电池、Ni-Cd电池、超级电容器等，以提高能量的利用效率，减小对环境的压力。因此，在今后的发展过程中，需要迫切开发安全性能、温度特性、价格、自放电率等方面都有较高性能的锂离子电池。目前这类电池也取得了较大的进展，极大地推动了电动汽车的发展。

（3）长寿命储能电池。

锂离子电池是一种典型的储能器件，可以用于电站电网调峰，或者作为其他新能源器件的储能装置，如太阳能电池、燃料电池、风力发电等，而这些新能源对储能系统的性能要求其寿命一般都在10年以上，性能较为稳定且价格低，因此用于这些新能源系统的锂离子电池需要较高的循环寿命、较大工作温度窗口和自放电率要低，目前已经有部分锂离子电池用于新型能源系统的储能装置。

（4）微小型锂离子电池。

随着微纳技术的发展，很多微纳器件，如无线传感器、微型无人机、植入式医疗装置、智能芯片等被开发出来，其对锂离子电池技术也提出了新的要求，此类电池，根据应用的不同，对电池性能指标的要求可能不一样。这类器件对锂离子电池大小、稳定性、寿命都有较高的要求。因此，结合微纳技术的发展，发展微小型锂离子电池也是锂离子电池重要的发展方向。

（5）高能量密度、高功率密度锂离子电池。

随着现代科学技术的不断发展，人们一直都渴求能量密度高、功率密度高和循环性能好的锂离子电池，因为这样的锂离子电池可以用于新能源汽车、电动自行车或摩托车、无人机、数字化士兵系统电源等方面。锂离子电池需要发展新的电极材料，既能容纳大量的锂离

子，又能使锂离子在材料中快速实现可逆嵌入和脱嵌，这对电极材料的开发提出了新的更高的要求。

思 考 题

1. 锂离子电池的工作原理是什么？对正、负极材料分别有哪些共性要求？

2. 锂离子电池有哪些典型的材料？各自的结构特征是什么？

3. 什么是 Jahn-Teller 效应？在充放电过程中，它对锂离子电池材料的结构有什么影响？如何缓解电极材料的 Jahn-Teller 效应？

4. 锂离子电池有哪些负极材料种类？

5. 碳基负极材料有哪些特点？

参 考 文 献

[1] TAKEDA Y, YAMAMOTO O, IMANISHI N. Lithium dendrite formation on a lithium metal anode from liquid, polymer and solid electrolytes [J]. Electrochemistry, 2016, 84 (4): 210-218.

[2] ARMAND M. Intercalation electrodes [J]. Materials for Advanced Batteries, 1980 (2): 145-161.

[3] GOODENOUGH J B. Evolution of strategies for modern rechargeable batteries [J]. Accounts Chemistry Research, 2013, 46 (5): 1053-1061.

[4] WANG L, MA J, WANG C, et al. A novel bifunctional self-stabilized strategy enabling 4.6 V $LiCoO_2$ with excellent long-term cyclability and high-rate capability [J]. Advanced Science, 2019, 6 (12): 1900355.

[5] TARASCON J M, ARMAND M. Issues and challenges facing rechargeable lithium batteries [J]. Nature, 2001, 414 (6861): 359-367.

[6] LEE Y W, SHIN W K, KIM D W. Cycling performance of lithium-ion polymer batteries assembled using in-situ chemical cross-linking without a free radical initiator [J]. Solid State Ionics, 2014 (255): 6-12.

[7] ZHANG Q, LIU K, DING F, et al. Recent advances in solid polymer electrolytes for lithium batteries [J]. Nano Research, 2017 (10): 4139-4174.

[8] GOODENOUGH J B, KIM Y. Challenges for rechargeable Li batteries [J]. Chemistry of Materials, 2010, 22 (3): 587-603.

[9] 罗文斌. Al, Mg 和 Mn-Mg 掺杂对 $LiCoO_2$和 $LiNi_{1/3}Mn_{1/3}Co_{1/3}O_2$结构、电化学和热稳定性能的影响 [D]. 长沙：中南大学，2010.

[10] ZHANG J N , LI Q H, OUYANG C, et al. Trace doping of multiple elements enables stable battery cycling of $LiCoO_2$ at 4.6 V [J]. Nature Energy, 2019, 4 (7): 594-603.

[11] YANG S H, CROGUENNEC L, DELMAS C, et al. Atomic resolution of lithium ions in

$LiCoO_2$ [J]. Nature Materials, 2003, 2 (7): 464-467.

[12] QIAN J, LIU L, YANG J, et al. Electrochemical surface passivation of $LiCoO_2$ particles at ultrahigh voltage and its applications in lithium - based batteries [J]. Nature Communications, 2018, 9 (1): 4918.

[13] WANG Y, CHENG T, YU Z E, et al. Study on the effect of Ni and Mn doping on the structural evolution of $LiCoO_2$ under 4.6 V high-voltage cycling [J]. Journal of Alloys Compounds, 2020 (842): 155827.

[14] XU L, WANG K, GU F, et al. Determining the intrinsic role of Mg doping in $LiCoO_2$ [J]. Materials Letters, 2020 (277): 128407.

[15] NOH J P, JUNG K T, JANG M S, et al. Protection effect of ZrO_2 coating layer on $LiCoO_2$ thin film fabricated by DC magnetron sputtering [J]. Journal of Nanoscience and Nanotechnology, 2013, 13 (10): 7152-7154.

[16] MAO Y, XIAO S, LI J. Nanoparticle-assembled $LiMn_2O_4$ hollow microspheres as high-performance lithium-ion battery cathode [J]. Materials Research Bulletin, 2017 (96): 437-442.

[17] KOYAMAA Y, TANAKAA I, ADACHIA H, et al. Crystal and electronic structures of superstructural $Li_{1-x}[Co_{1/3}Ni_{1/3}Mn_{1/3}]O_2$ ($0 \leqslant x \leqslant 1$) [J]. Journal of Power Sources, 2003 (119): 644-648.

[18] LU Z H, MACNEI D, DAHN J R. Layered $Li[Ni_{1-2x}Co_{1-2x}Mn_x]O_2$ cathode materials for Lithium-ion batteries [J]. Electrochemical Solid-State Letters, 2001, 4 (12): A200-A203.

[19] ZHANG Y D, LI Y, XIA X H, et al. High-energy cathode materials for Li-ion batteries: A review of recent developments [J]. Science of China Technological Sciences, 2015 (58): 1809-1828.

[20] PISKIN B, SAVAS C, KADRI U M, et al. Morphology effect on electrochemical properties of doped (W and Mo) 622NMC, 111NMC, and 226NMC cathode materials [J]. International Journal of Hydrogen Energy, 2020, 45 (14): 7874-7880.

[21] ZHAI H W, GONG T Y, XU B Q, et al. Stabilizing polyether electrolyte with a 4 V metal oxide cathode by nanoscale interfacial coating [J]. ACS Applied Materials and Interfaces, 2019, 11 (32): 28774-28780.

[22] OUYANG C Y, SHI S Q, WANG Z X, et al. First principle study of Li ion diffusion in $LiFePO_4$ [J]. Physical Reviews B, 2004, 69 (10): 104303.

[23] LIU Y, GU Y J, LUO G Y, et al. Ni-doped $LiFePO_4$/C as high-performance cathode composites for Li-ion batteries [J]. Ceramic International, 2020, 46 (10): 14857-14863.

[24] GAO L B, XU Z R, ZHANG S. The co-doping effects of Zr and Co on structure and electrochemical properties of $LiFePO_4$ cathode materials [J]. Journal of Alloys and Compounds, 2018 (739): 529-535.

[25] KANG C, LAHIRI I, BASKARAN R, et al. 3-Dimensional carbon nanotube for Li-ion battery anode [J]. Journal of Power Sources, 2012 (219): 364-370.

[26] TESFAYE A T, GONZALEZ R, COFFER J L, et al. Porous silicon nanotube arrays as anode material for Li-ion batteries [J]. ACS Applied Materials and Interfaces, 2015, 7 (37):

20495-20498.

[27] CHANG C S, LIU L, WANG S L, et al. Influence of morphology and structure on electrochemical performances of Li-ion battery Sn anodes [J]. Metallurgical and Materials Transaction A, 2018 (49): 5930-5935.

[28] SHEN L F, UCHAKER E, ZHANG X G, et al. Hydrogenated $Li_4Ti_5O_{12}$ nanowire arrays for high rate Lithium ion batteries [J]. Advanced Materials, 2012, 24 (48): 6502-6506.

[29] LI Y, TAN B, WU Y. Mesoporous Co_3O_4 nanowire arrays for lithium ion batteries with high capacity and rate capability [J]. Nano Letters, 2008, 8 (1): 265-270.

第 2 章 超级电容器材料与器件

2.1 超级电容器概述

2.1.1 超级电容器的基本介绍

目前，人类社会的发展促使社会需要更多能源，而人类长期依赖不可再生的化石能源面临着枯竭，而且长期大量使用化石能源，给环境也带来了巨大的压力，如气候变暖和生态环境日益恶化等。因此，人们越来越重视风能、太阳能、核能等新能源的开发和利用。新型可再生能源的特征决定了其发电和输送方式会受到一些环境的影响，环境的不稳定、气象和季节等因素的不稳定和不连续，限制了新型可再生能源的应用领域，因此需要将新能源器件在适合条件下产生的电能存储起来，方便需要时利用，故发展高效新型储能装置对新能源器件的应用尤其重要。目前，高效的储能器件也越来越受到各国政府的重视，将其视为社会发展的战略性技术。其中，超级电容器是一种重要的电化学储能技术，它是介于常规的电容器和二次电池之间的新型储能器件，其作为储能器件有较多的优点，如充放电速度快、容量大等，因而被广泛研究。

超级电容器，也被称为电化学电容器，是一种电化学储能器件，它的主要优点如下：

(1) 能量密度和功率密度高：超级电容器具有比传统电容器更高的能量密度，而且与其他商用新型电池相比，超级电容器的能量密度也较高。

(2) 充放电的速度快：其充放电速度比一般传统的电容器要快很多，在大功率放电的情况下，可以应用于其他新能源储能电池，如锂离子电池等无法应用的领域。

(3) 循环寿命长：循环寿命可达 10 000 次以上，电极材料在循环过程中，能量衰减较小，其循环稳定性比锂离子电池要好，商业价值更高。

(4) 价格便宜：超级电容器的电极材料多采用自然界可以直接循环的物质，如过渡金属等。

(5) 绿色安全：超级电容器所用的电极材料大多都是相对安全环保的，而且它可以使用水系电解液，对环境影响小。

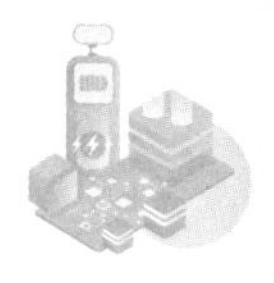

（6）工作温度范围更宽：通常在−40~70 ℃可以工作，超级电容器受温度影响小，更具有应用前景。

2.1.2　超级电容器的结构与种类

视频 4　超级电容器的分类

根据充放电原理的不同，超级电容器一般分为双电层超级电容器、赝电容超级电容器和非对称超级电容器 3 类。图 2−1 为双电层超级电容器和赝电容超级电容器结构和工作原理。

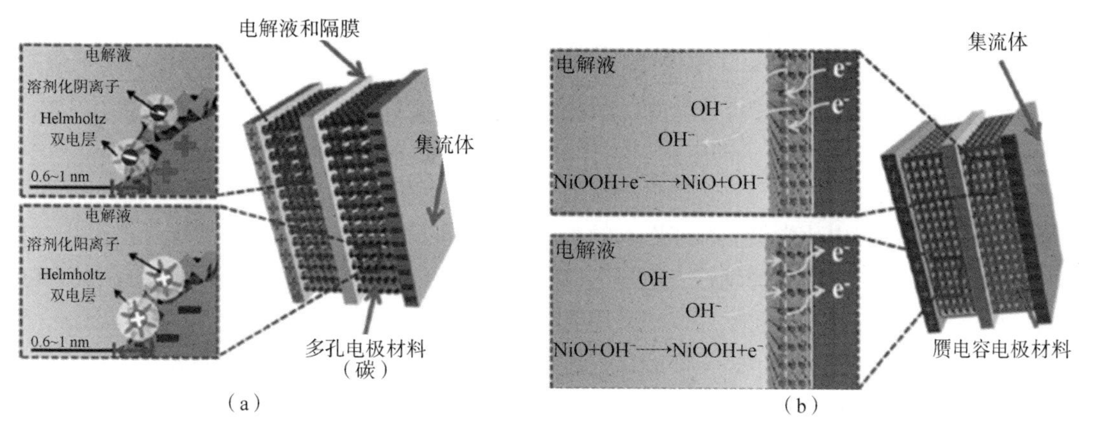

图 2−1　超级电容器结构和工作原理

（a）双电层超级电容器；（b）赝电容超级电容器

（1）双电层超级电容器。

双电层超级电容器是一类常见的超级电容器，其充放电过程如下：电极被通电后，正负离子通过电解液分别向负极和正极迁移，在开路条件下，正离子聚集在负极材料，而负离子聚集在正极材料，因此超级电容器的正负极之间产生电势差。在此过程中，电极材料元素化合价不发生变化，没有氧化还原反应。电极材料完成充放电是一个纯粹的物理运动过程，在充放电过程中，对电极材料的损坏较小，因此，双电层超级电容器的循环性能较好，寿命较长，有的甚至达到 100 000 次。在双电层超级电容器中，电极材料的比表面积对电容影响较大。一般来说，电极材料的比表面积越大，其电容越大。

（2）赝电容超级电容器。

赝电容超级电容器是一种受到广泛关注的超级电容器，在电极材料表面与电解液之间通过可逆的氧化还原反应实现充放电过程，其电容比较高，可达双电层超级电容器电容的几十倍。然而，由于其充放电过程存在化学反应，电极材料会发生膨胀收缩，导致材料结构的稳定性遭到破坏，因此，提高赝电容超级电容器的循环性能是目前赝电容超级电容器的研究重点。赝电容超级电容器性能主要由电极材料决定，电极材料的比表面积越大，提供的活性位点越多，其电容也越大。

（3）非对称超级电容器。

非对称超级电容器又称为混合型超级电容器。经过多年的发展，超级电容器能量密度得到了很大的提高，但是与实际应用要求还有较大差距。由公式 $E=CV^2/2$ 可知，要提高超级电容器的能量密度，可以增加电压窗口。将有机电解液代替水系电解液可以有效地提高其电压窗口，水系电解液的超级电容器的电压窗口理论上不超过 1.23 V，有机电解液的超级电容器的电压窗口在 1 V 以上。非对称超级电容器是由上述两种超级电容器混合组成，正极由发生氧化还原反应的赝电容材料组成，负极则由电荷物理运动的双电层材料组成，通过两种电容材料的共同作用，其工作电压窗口是其正负极之和，这类电容器具有双电层和赝电容的优点，是目前新能源器件中的热点研究领域之一。

Zhang 等以 Ni 基超级电容器为例系统地介绍了电容器的现状、基本原理和发展趋势。Ni 的氧化物和氢氧化物作为电容器的电极材料，具有较高的理论电容，但是其导电性不好，导致电容器的倍率性能较差，限制了其应用。研究工作者通过对电极材料改性，如采用掺杂、包覆等方法，提高电容器的电化学储能性能，探索其应用领域。目前，Ni 基超级电容器中，还存在以下问题：①电极材料中 O 和 Ni 的空位对电极材料电化学储能性能的影响还不清楚；②当采用掺杂或包覆改性电极材料的性能时，新引入的元素在超级电容器充放电过程中表现不一致的性能；③在纳米材料的电极材料中，纳米粒子的积聚导致部分活性材料失效，使电容器的性能不能明显改善；④复合电极材料的界面工程也是调节电极材料电化学储能性能的重要方法，但是界面对电化学储能性能影响的机制还没能准确理解；⑤电化学储能反应发生在电极材料的表面，电极材料越薄越好，但是电极材料过薄，也会导致电极材料质量变差，因此电极材料的厚度和电极材料的质量之间的矛盾需要较好的平衡；⑥优化电极材料的工作窗口，能使其在更大的范围内使用，也是当前超级电容器电极材料需要发展的一个重要方面。

Song 等系统研究了金属有机框架材料在超级电容器中的应用，采用碳的前驱体制备多孔材料，然后用［$—NH_2^+Cl^-—$］把多孔材料连接起来，构成金属有机框架材料并将其作为超级电容器的电极材料，这样的结构可以降低电荷的分散，同时提高超级电容器的能量转换效率，以框架材料作为电极材料，能使超级电容器电荷存储较为稳定，而且结构中的化学缺陷可以迅速地捕获质子。超级电容器经过 10 000 次循环后，其储能特性仍然比较稳定，能量密度也较高。

2.1.3 超级电容器的应用

超级电容器作为新能源器件具有广泛的应用。它可以与高密度蓄电池组装成混合动力系统，满足新能源汽车对高功率的需求，如启动、爬坡、加速等过程。世界著名汽车公司都开发了新能源储能系统技术，为汽车提供动力，如通用汽车开发了并联的超级电容器和串联电池系统，并将其用于货车和汽车上。超级电容器系统的引入使储能装置质量减小 2/3，大大地提升了新能源汽车的能量效率。作为启动电源也是超级电容器的一个很重要的应用，现已经广泛地应用到日常生活中，早在 2006 年，“上海科技登山行动计划超级电容器公交电车示范线”就投入使用。2007 年，武汉市有 120 辆东风牌混合动力电动公交车投入运营。2009 年，湘潭市投放 105 辆混合动力电动公交车。2010 年 3 月，长沙市增加 252 辆混合动力电动公交车。2010 年上海世博会，整洁漂亮的超级电容器客车往来于世博园区接送游客，其在 30 s 内就能充满电，方便快捷、环保节能。电动汽车著名公司特斯拉、比亚迪等正在采用超级电容器代替传统的电池，制造新型动力汽车。此外，超级电容器也用于其他系统中，如燃料电池的启动电源、移动通信和计算机的备用电源等。

Appiah 等人采用废弃的轮胎制备了 Fe_2O_3 掺杂的碳电极，将其用作超级电容器的电极材料，超级电容器展现较好的电化学储能性能。在电流密度为 1 A/g 时，其比容量为 1 400 F/g，

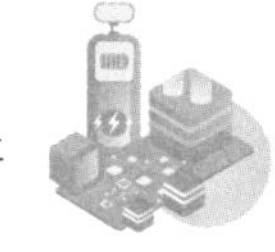

在优化的条件下，循环1 000次后，其比容量保持率为98.63%。Panaparambil等人研究了混合动力汽车的动力系统管理。超级电容器在该混合动力汽车的动力系统中起着非常重要的作用，它避免了电池深度放电，提高了电池寿命，增加了瞬态电容，因此，在混合动力汽车中，研究高性能超级电容器、提高整个动力系统的性能也是目前超级电容器领域研究的重点之一。

目前，超级电容器也广泛用于其他的系统中，如移动通信和计算机的备用电源等。此外，其能够实现快速充放电，可以作为电动工具和玩具的电源。超级电容器具有广阔的市场前景，据相关研究表明：中国市场的年需求量可达2 150万只，约1.2亿W·h，且每年都在以约50%的速度增长；亚太地区的总需求量更多，超过9 000万只，约5.4亿W·h，增长速度约为90%；全球的年需求量约为2亿只，约12亿W·h，增长速度约为160%。由此可知，超级电容器具有巨大的市场需求。

2.2　超级电容器的工作原理

2.2.1　双电层超级电容器

双电层是Helmholtz在1879年提出的，他将双电层描述成平行板电容器。之后Gouy、Chapman、Grahame、Bockris、Stern等不断完善和发展双电层理论，逐渐发展到现在的双电层储能模型，其过程如图2-2所示。在电极和电解液的界面，存在电荷转移，形成双电层，最终实现了能量的存储和释放。正负极插入电解液中，在两极之间加适当的电压，在电场力的作用下，电子从正极向负极迁移，正极带正电，因而电解液中的负离子会向正极移动并吸附在正极上，因此，电解液和正极之间形成了电性相反、电荷数相等的界面层，同时，在负极与电解液之间也形成了类似的界面层，能量被存储在电极和电解液之间的界面，这样，在电容器的两极之间就建立了电性相反、电荷数相等的双电层。

视频5　双电层超级电容器的工作原理

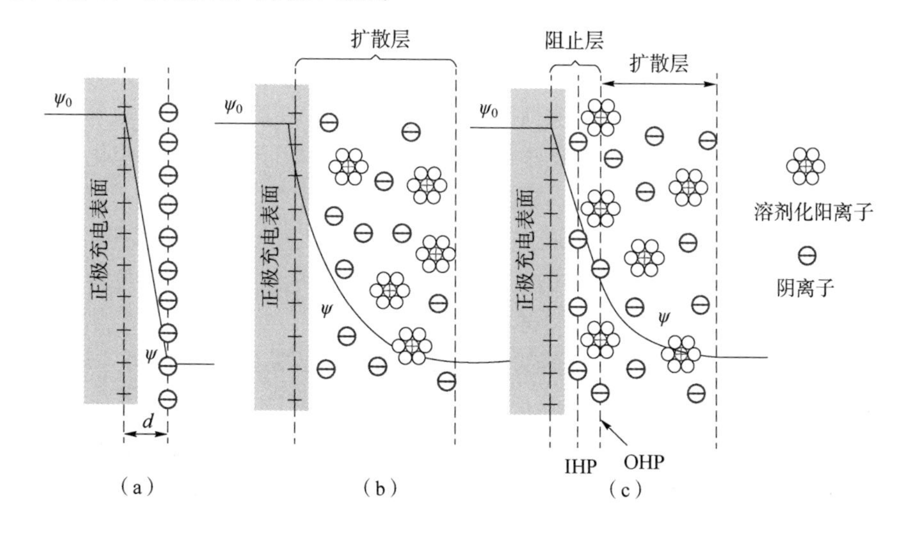

图2-2　双电层储能模型

(a) Helmholtz模型；(b) Gouy-Chapman模型；(c) Stern模型

完成充电后，外加电压撤去，由于受到电极上所带异性电荷静电力作用，吸附在电极材料表面的离子不会迁移至溶液本体中，正负电极间的电压得以保持，双电层能稳定存在。当放电时，电子通过外电路从负极回到正极，而被吸附的正负离子会摆脱吸引而重新回到电解液中，从而完成放电过程。单位面积的双电层超级电容器的电容 C_d 为

$$C_d=\frac{\varepsilon S}{4\pi d}$$

式中，ε 为介电系数；S 为双电层的面积；d 为双电层的厚度。

显然，双电层超级电容器的电容与电极的面积成正比，而与双电层的厚度成反比。

在双电层超级电容器工作时，其正负极工作的原理如下：

正极：$E_s+A^- \longleftrightarrow A^-//E_s^+ +e^-$

负极：$E_s+M^+ +e^- \longleftrightarrow M^+//E_s^-$

总反应：$E_s+E_s+M^+ +A^- \longleftrightarrow M^+//E_s^- +A^-//E_s^+$

式中，“//” 为电极界面处的双电层；E_s 为电极表面积；M^+和 A^-分别为正、负离子。

可以看出，双电层超级电容器的充放电过程就是一个电荷转移的物理过程，并无空穴反应发生，因此充放电过程对电极材料的影响较小，双电层超级电容器具有较长的循环寿命。一般地，为了形成稳定的双电层，在实际中多采用导电性好的多孔碳材料作为电极材料，它们形成双电层电荷的吸/脱附过程极快，因此，双电层超级电容器具有较好的可逆性和较高的功率密度。

Zhang 等总结了碳材料电极双电层超级电容器的研究进展。由于碳材料有多种纳米结构，均具有较大的比表面积，其也可以制成多孔电极，有利于电解液流动，因此，碳材料作为双电层超级电容器的电极材料表现较好的电化学储能性能，但是也面临着一些问题，如工作电压窗口偏低，故需要进一步构筑电极材料，增大电极工作电压。

2.2.2 赝电容超级电容器

赝电容超级电容器，又称准电容超级电容器和法拉第准电容器，是利用金属氧化物、导电聚合物、氮化物等在材料表面、近表面或体相中发生可逆电化学氧化还原反应，实现充放电过程，从而完成能量的存储和释放的电容器。这类电容器和双电层超级电容器最根本的区别在于它存在化学反应，而后者仅是电荷转移的物理过程。在赝电容超级电容器充放电过程中，电化学反应可以是欠电位沉积、化学吸/脱附或者发生原子价态连续变化的反应，也可以是电荷或离子的掺杂与去掺杂反应。赝电容超级电容器储能过程可以分为以下几类：

（1）电化学吸附，如氢离子或金属离子在 Pt 或 Au 上发生单分子层水平的电化学吸附；

（2）当电活性材料为金属氧化物时，充电时，离子从电解液中向电极材料/界面扩散，再通过界面的氧化还原反应进入电活性材料体相中；

（3）导电聚合物赝电容超级电容器的电荷的存储或释放是通过快速可逆的 N 型或 P 型掺杂与去掺杂反应来完成的。

Shao 等人系统地总结了赝电容超级电容器的工作原理和最新进展。如图 2-3 所示，赝电容超级电容器是一个快速可逆的氧化还原反应，可以瞬间产生大的法拉第电流，是典型的超级电容器的特征。实际上在赝电容超级电容器中，也包括电极与电解液之间的双电层电容，这也是一般情况下，赝电容超级电容器的电容高于双电层超级电容器的原因。他们还介

绍了赝电容超级电容器的设计、工作原理、制备和最新的研究进展。赝电容超级电容器在新能源器件中起着非常重要的作用，在全世界研究者的共同努力下，其研究进展非常迅速，但是其发展也面临一些挑战：

（1）电荷存储机制需要进一步的研究。正确地揭示超级电容器中的电荷存储机制是理解其储能机制的基础，目前，这一方面还需要进一步深入探讨；

（2）开发新的电极材料，提高超级电容器的性能。研究者已经将新的材料应用于超级电容器的电极材料，这些材料包括金属有机框架材料、MXene、黑磷和过渡金属硫化物等；

（3）电解液在超级电容器中起着非常重要的作用，优化电解液也是提高超级电容器性能的途径之一；

（4）开发高能量密度和功率密度的金属离子超级电容器。由于 Li 和 K 等元素用于超级电容器有较高的理论比容量，因此开发这些金属离子超级电容器也是该领域研究的热点；

（5）发展超级电容器原位表征技术，探索超级电容器电化学储能过程。因为超级电容器充放电过程伴随着化学反应过程和材料结构的变化，要准确理解超级电容器储能机制，需要对充放电过程进行原位观察，但是现在的原位表征技术还不能满足要求，需要进一步发展电化学储能原位表征技术；

（6）理论模拟电化学储能过程和材料结构变化，结合电化学储能原位表征技术，需要对储能过程的材料结构和电化学反应动力学过程进行理论模拟，建立相应的模型；

（7）将超级电容器集成，系统地研究超级电容器的集成技术，探索其应用途径也是超级电容器发展的重要方向，但是超级电容器的集成技术目前在很多领域还不能满足需要，因此，需要进一步探索；

（8）目前，超级电容器一般都存在自放电现象，如何减少自放电现象也是超级电容器发展的一个重要方向。

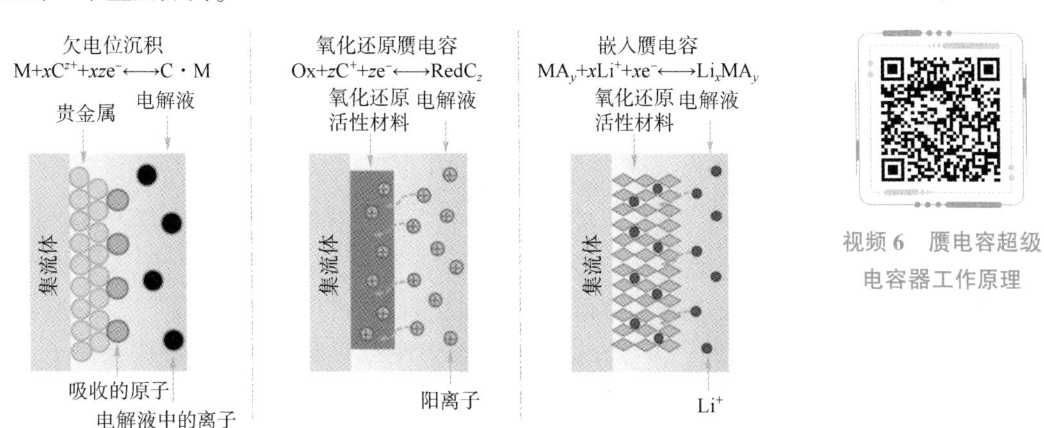

视频 6　赝电容超级电容器工作原理

图 2-3　赝电容超级电容器的工作原理示意图

2.3　超级电容器的特点

由上述内容可知，超级电容器特点和优势总结如下：

（1）可以快速充放电，这是超级电容器最显著的特征之一。超级电容器充放电一般仅需要几十秒到几分钟就可以完成，而且在充放电过程中，库仑效率也较高（≥90%）。而普通的锂离子电池完成一次充放电过程需要几个小时，即使在快速充放电的转台下，也要几十分钟完成。

（2）能量密度和功率密度较高，超级电容器件的功率密度可达电池功率的 10~100 倍，适合快速充放电。此外，将二次电池与超级电容器集成在一起，可以构筑出高比能量和高比功率输出的储能系统。

（3）循环寿命和使用寿命长，超级电容器件的充放电过程可以反复充放电 10 万次以上。

（4）工作温度范围广。超级电容器的工作温度范围为-40~70 ℃，具有较大的工作温度范围。

（5）较好的安全性。超级电容器在运行过程中，没有运动部件，不用进行大量的维护工作，即使在运行状态下突然短路，也不易发生着火等危险，因此超级电容器即使用在极大电流瞬间放电过程，也不易引起火灾等危险。

（6）环境友好，大量使用超级电容器有助于实现双碳目标。超级电容器的充放电过程是绿色环保的，它的制造对环境的污染也较少，因此，超级电容器是低成本新型绿色电源。

2.4 超级电容器电极材料

电极材料决定着超级电容器的电化学储能性能，相对于超级电容器发展初期，其电极材料已经有了很大的发展，过渡金属氧化物和导电聚合物等材料已经在超级电容器中得以应用。目前，超级电容器的电极材料包括碳材料、金属化合物和导电聚合物等。

2.4.1 碳材料

碳材料是最早用于超级电容器的电极材料，一直在电极材料中占有较为重要的位置。目前，活性炭、碳纳米管、石墨烯、碳气凝胶、碳纤维及杂原子掺杂的碳材料等均可以用作超级电容器电极材料。对于碳材料电极的研究，目前主要集中在以下几个方面：①高比表面积及合适孔径的纳米碳材料的制备方法；②在碳基复合电极材料；③掺杂不同杂原子如氮、氧、磷、硫等制备掺杂的碳材料。

2.4.1.1 活性炭

活性炭具有比表面积较高、价格低廉、良好的化学及热稳定性等优点，这些优点已经使活性炭成为近年来用作超级电容器电极材料最为广泛的电极材料之一。活性炭可以通过在惰性气体中炭化含碳有机物的前驱体，然后用物理或化学的方法活化得到，这样制备的活性炭还可以进一步活化处理，增加其比表面积和孔隙率，处理后，其比表面积及孔隙率明显要高于活化前的活性炭电极材料，其中有一部分材料的比表面积高达 3 000 m^2/g。活性炭的碳源包括石油、坚果壳、木材、树脂等。研究表明，活化的方法以及条件对于活性炭孔隙率和电

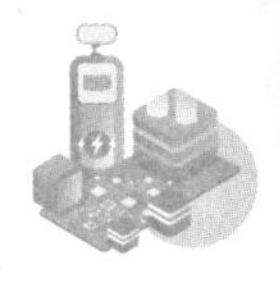

化学性能的影响非常大。

活性炭可以用物理活化和化学活化两类方法活化得到。在一定环境中，如二氧化碳、水蒸气和空气等氧化性气氛中，对前驱体进行高温处理（700～1 200 ℃），这个过程没有新的化学物质生成，这样的活化方法是物理活化；而在活化剂（KOH、K_2CO_3、H_3PO_4、$ZnCl_2$ 等）中，在高温进行处理得到活性炭的方法叫化学活化，这样的方法得到的活性炭一般为分级多孔结构，包括微孔（<2 nm）、介孔（2～50 nm）和大孔（>50 nm），用作超级电容器的电极材料具有很好的能量存储性能。一般来讲，用物理活化得到的活性炭具有相对较低的比表面积、孔容、较高的振实密度以及较低的比容量。活化条件，如活化温度、时间以及活化试剂与前驱体的比例等对化学活化得到的活性炭的性能影响较大。许多研究者系统地研究了活化条件对活性炭性能的影响情况。例如，Rodríguez-Reinoso 等制备了一系列的活性炭材料并研究活化处理对其结构的影响，其结果表明，经过 CO_2 活化处理，可以使材料的孔结构增加，甚至使孔径扩大，使材料具有发达的微孔以及大孔结构。研究发现，采用 K_2CO_3 活化处理得到的活性炭比用 KOH 活化处理得到的活性炭具有更高的孔隙率，同时，800 ℃处理得到的比表面积为 1 352.9 m^2/g。研究者用椰子壳作为原料，在高温 900～1 000 ℃处理得到活性炭，比较它们的性能发现：高温可以提高材料的比表面积，同时也使总孔容和微孔孔容得到提高，温度为 1 000 ℃并活化 120 min 得到的材料，其比表面积、总孔容和微孔孔容分别为 1 926 m^2/g、1.26 cm^3/g 和 0.931 cm^3/g。因此，适当的提高活化温度，有利于活性炭的比表面积、孔容以及平均孔径增大，但是过高的温度也能使活性炭的多孔结构破坏，使活性炭的电化学储能性能变差。

在双电层超级电容器中，电极材料的比表面积对超电容器的电化学储能性能影响非常大，因此，在制备活性炭时，需要很好地设计活性炭的微观结构，使其比表面积的大小有利于提高活性炭的电化学储能性能。以茶叶为前驱体进行炭化，研究发现茶叶中的 N 在活化后掺杂到了活性炭中，提高了活性炭的导电性和亲水性。他们系统地分析了制备的活性炭电极非对称超级电容器的储能性能，其表现了良好的循环稳定性，14 000 次循环测试后，材料的比容量存有量仍然有 96.66%。要进一步提升活性炭材料的电化学储能性能，可以通过掺杂氮、氧、磷、硫等原子，改善活性炭的亲水性和导电性。研究表明，在活性炭的表面改性中，N 元素是最重要的活性炭的改性元素。采用聚苯胺包覆的碳微球复合电极材料进行高温炭化，再经过 HNO_3活化处理，可以制得一种新颖的含氮碳微球材料 NENCs。以 NENCs 为电极材料组装超级电容器，发现不同温度下所制备的含氮碳微球材料均具有较长的循环寿命，当扫描速度为 1 mV/s 时，其比容量为 366 F/g。组装成超级电容器后，表现较好的循环稳定性，在电流密度为 500 mA/g 下进行 2 500 次循环寿命测试，比容量保持率为 92.8%，将超级电容器串联后，有较小的电阻，其电阻为 0.93 Ω。

Jiang 等研究了活性炭材料的表面和空间对超级电容器电化学储能性能的影响。他们采用同质活化和传统活化的方法制备了活性炭材料，并用于超级电容器的电极材料，结果表明，同质活化的活性炭材料具有内部连接较好的多孔结构，而传统活化的活性炭材料的孔隙结构不均匀，有较多的孔隙分支。比较其超级电容器的性能可知：采用同质活化的活性炭作为电极材料的超级电容器展现较高的比容量、能量密度和长寿命。这是由于同质活化的活性炭具有较好的内部孔隙结构，为离子和电解液的迁移提供空间，提升了超级电容器的电化学储能性能。

2.4.1.2 碳纳米管（CNT）

碳纳米管是一种非常重要的纳米材料，在新能源器件中有广泛的应用，如用作催化剂载体、储氢材料等，其结构如图 2-4 所示，它具有管状结构，有很好的导热、导电和力学性能。碳纳米管作为超级电容器的电极材料具有巨大应用潜力。

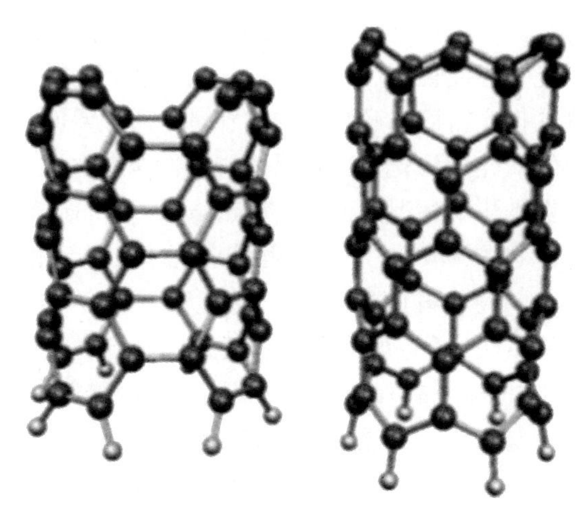

图 2-4 碳纳米管的结构

为进一步提高碳纳米管的电容性质，可以提高其分散性，进而充分发挥其大比表面积的优势。Hahm 等制备了碳纳米管阵列-纳米碗超级电容器，他们采用化学气相沉积法制备了碳纳米管阵列-纳米碗杂化结构，并构筑双电层超级电容器。电化学储能性能研究表明，该超级电容器具备较好的比容量（45 F/g）和循环稳定性，循环 10 000 次后，比容量没有明显衰减。将碳纳米管与其他的材料构筑成复合材料作为超级电容器的电极也是碳纳米管超级电容器常用的技术之一。Zhu 等人研究了 CNTs@ NiCo-LDH 核-壳结构碳纳米管超级电容器的电化学储能性能。当优化的条件下，当电流密度为 1 A/g 时，其比容量为 176.33 mA · h/g。组装成非对称超级电容器 CNTs@ NiCo-LDH//ZIF-8 C，功率密度为 800 W/kg，能量密度为 37.38 W · h/kg，超级电容器也表现较好的循环稳定性，循环 5 200 次后，其比容量保持率为 90.22%。

Li 等研究了 $Mo_{0.1}W_{0.9}O_{3-x}$/单壁碳纳米管作为超级电容器的负极材料，商用化的碳材料作为正极组装成非对称超级电容器。在优化的条件下，超级电容器展现良好的电化学储能性能，其工作电压窗口为 2 V，在 10 mV/s 扫描速度下，其比容量高达 232 F/cm^2，而且循环 12 000 次后，其面电容保持率为 93.2%，表明超级电容器具有较好的循环稳定性。此外，对碳纳米管热处理，可以提高电容和导电性。研究还发现，碳纳米管的管状结构有利于电解液的传输，可提高超级电容器的电化学储能性能。

碳纳米管的中空结构，使其具有较大的比表面积、较高的导电率、优良的电化学稳定性的特点。但是由于碳纳米管微孔体积较小，所以碳纳米管的电容并不是很高。目前，对于碳纳米管的研究主要集中在制备高度有序的碳纳米管。

Fikry 等人将一维状的碳纳米管和二维状的氧化石墨烯复合在一起构成了电极材料，由于两种碳材料之间的协同作用，电极材料相比于单一的碳材料构成的电极，电化学储能性能有了很大提升。当扫描速度为 10 mV/s 时，其比容量为 179 F/g，超级电容器表现了良好的循环稳定性。此外，碳纳米管还可以作为混合材料与其他材料进行复合，将废弃的果皮进行

烧制处理，制得N掺杂的碳纳米管，将其作为负极材料，与其他正极材料组装成超级电容器，展现了出色的电化学储能性能和稳定性。实际上，碳纳米管的性能与其石墨化程度、长度、管径大小、弯曲程度紧密相关，由此会影响超级电容器的电化学储能性能。

2.4.1.3 石墨烯

石墨烯作为一种重要的碳纳米材料，因其具有良好的物理化学性能和巨大的潜在应用前景，一直在材料研究领域占据重要的位置。在石墨烯的结构中，碳原子通过sp杂化形成的二维苯环结构，使石墨烯具有极好的电学、热学和力学等性能。石墨烯结构中的碳原子以六元环形式周期性排列在平面内，键角为10°，p轨道上剩余的电子形成大π键，使石墨烯具有良好的导电性和力学性能。此外，石墨烯具有独特的电子传导机制、良好的导电性和功率特性，符合电化学储能器件对电极材料的要求。利用材料改性技术优化石墨烯的结构，能获得更好的储能性能。石墨烯的理论比容量大约是21 $\mu F/cm^2$，远远领先于其他的碳材料，但是石墨烯层之间存在范德华力，导致石墨烯层很容易团聚在一起，比表面积严重缺失，石墨烯作为电极材料表现的电容较低。

目前，研究者已经开发出多种制备石墨烯材料的技术，如化学还原法、化学气相沉积法以及电化学剥离法等，推动了石墨烯在新能源领域的应用。在化学还原法制备的石墨烯结构中，一般会存在一些残留的氧官能团和结构缺陷，这些特征能使石墨烯具有较高的反应活性，而且石墨烯材料与其他结构的碳材料关系紧密，如图2-5所示，因此，引起了研究者的高度关注。Tian等报道了亲水石墨烯/氧化石墨烯超级电容器，表现良好的电容性质和较好的循环稳定性，循环5 000次后，其电容保持率为89%，当功率密度为500 W/kg时，能量密度为17.9 W·h/kg。

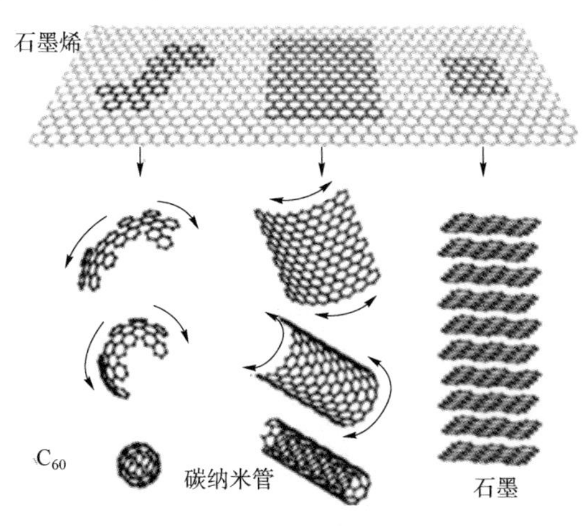

图2-5 以二维石墨烯作为基本单元构建其他维度的碳材料

在提高材料的能量密度方面，研究者也做了大量的工作。Senthilkumar等制备了纳米孔状氧化石墨烯材料超级电容器，比容量达到了204 F/g，能量密度达14.3 W·h/kg，其制备的纳米孔状氧化石墨烯，有利于电解液的通过和电子转移，明显提高了超级电容器的电化学储能性质和循环稳定性。

石墨烯材料在储能领域有巨大的潜在应用前景，但是能满足工业化需要的石墨烯大规模批量生产技术进展缓慢。目前，研究者认为石墨烯的制备技术中，通过石墨烯粉体制备特定

结构的石墨烯，如薄膜和三维结构石墨烯等，是比较接近工业化的生产方法，它克服了石墨烯层之间的团聚，有利于新能源器件应用。研究表明，以石墨烯粉体为原料，水为分散溶剂，将石墨烯真空抽滤为薄膜，薄膜之间存在较为开放的孔状结构，防止了石墨烯层间堆叠，提高了离子在石墨烯薄膜中的扩散，作为超级电容器的电极材料，展现较高的能量密度、功率密度和良好的循环稳定性。Choi 等研究了三维大孔石墨烯框架材料电化学储能性能，作为超级电容器的电极材料，表现较好的电化学储能性能，当电流密度为 1 A/g 时，比容量高达 389 F/g，如图 2-6 所示。Liu 等报道了三维孔状石墨烯材料并研究了其电化学储能性能，其作为超级电容器的电极材料，展示了较好的电化学储能性能，当电流密度为 0.5 A/g时，比容量为 48.6 F/g。

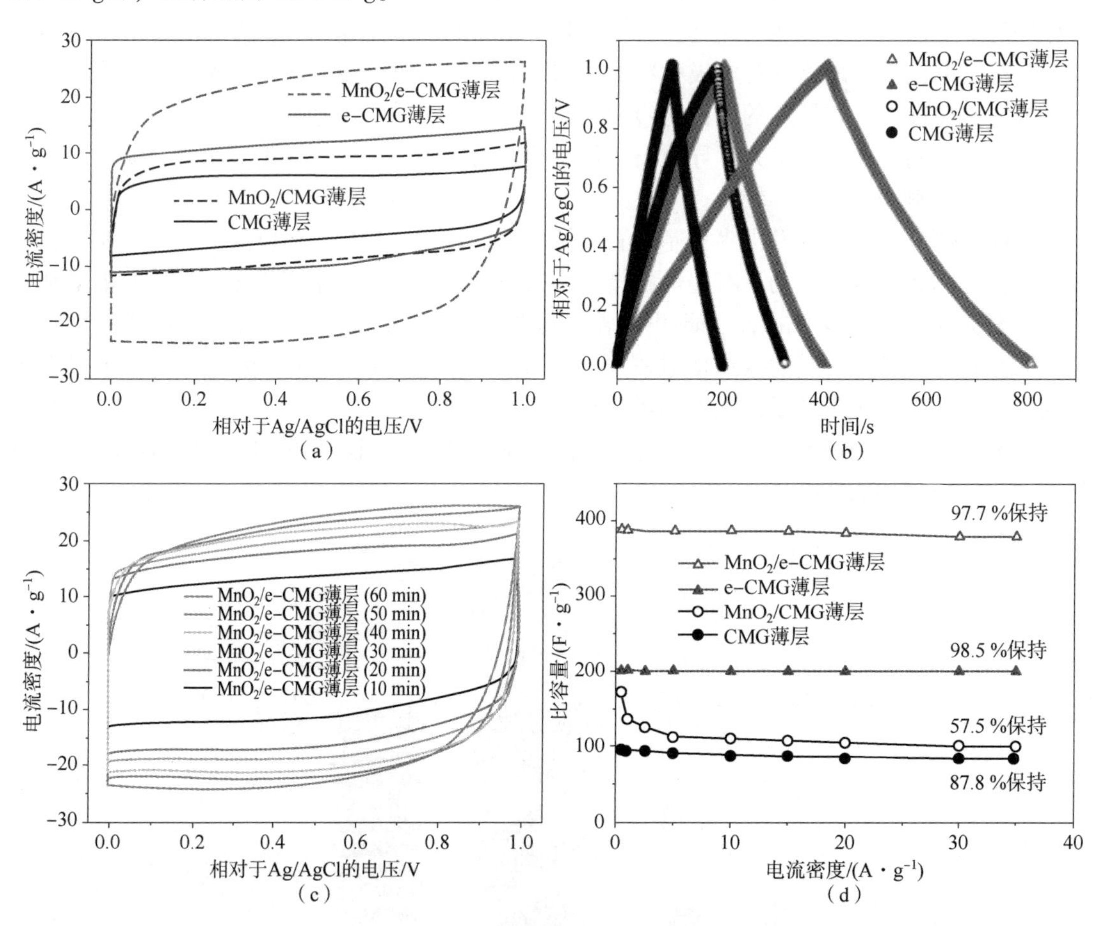

图 2-6　三维大孔石墨烯框架材料超级电容器电化学储能性能

(a) 不同电极材料 CV 曲线；(b) 充放电曲线；(c) 不同样品 CV 曲线；(d) 比容量-电流密度曲线

由于石墨烯独特的结构和性能，其作为超级电容器的储能材料有较多的优点，但比表面积、孔结构、表面化学、导电性、润湿性等方面对储能器件的影响较大，需要进一步优化这些方面的性能，以满足实际应用储能器件对电极材料的要求：

彩图 2-6

(1) 比表面积。

研究表明，由于石墨烯层之间存在范德华力以及 π-π 键，石墨烯的

实际比表面积和比容量均低于理论值。通过结构设计制备多孔石墨烯或者在石墨烯层之间制造“空间”，可以防止石墨烯层堆叠，提高石墨烯的实际比表面积，从而很好地改善石墨烯材料的表面状态，提高超级电容器的电化学储能性能。如在石墨烯层之间引入纳米颗粒，可以较好地制造石墨烯层与层之间的空间，保持石墨烯层与层之间的独立性，增大比表面积和缩短电解液离子扩散距离，有效地提升超级电容器的电化学储能性能。

(2) 孔结构。

由上述内容可知，在石墨烯层上设计孔结构可以提高石墨烯的比表面积，因此孔结构的合理设计对石墨烯的电化学储能性能有重要的影响，合适的孔径大小有利于电解液离子进入孔径，进而形成双电层。如果电解液离子大小和石墨烯层上的孔径大小匹配不合适，会对石墨烯超级电容器的电化学储能性能产生不利的影响，孔径过小，电解液离子很难进入孔径，反之，孔径过大，电荷相对存储密度过低，这些都不利于超级电容器的电化学储能性能，因此，在设计石墨烯层上的孔结构时，一定要使孔径大小与电解液离子大小相匹配，这样才有利于超级电容器电化学储能性能的提高。一般来讲，中孔结构可以减小离子在材料中的转移阻力，而在微米级的大孔结构中能够缩小离子在电极材料内部的扩散距离。目前，关于石墨烯层上的孔结构对其电化学储能性能的影响机制正在逐步建立，这是比较复杂的问题，要真正阐述清楚，需要精细调控电极材料的孔结构，这在造孔的过程中不容易做到，要完全阐明电化学储能性能与孔结构的关系还需研究者进一步深入探索。

(3) 表面化学。

研究发现，将官能团吸附在石墨烯的表面，能够提升石墨烯超级电容器的电化学储能性能，如含氧官能团能与电解液离子发生法拉第反应产生赝电容。Xu 等将石墨烯水凝胶表面功能化后，引入大量的官能团，将超级电容器的比容量提高到 444 F/g。此外，对石墨烯掺杂 N、B 等杂原子，改善石墨烯的电子密度或浸润性，也有利于提高石墨烯超级电容器电化学储能性能。

2.4.2　金属化合物

金属化合物也是一类重要的超级电容器电极材料。近年来，金属化合物作为超级电容器电极材料已经成为电极材料领域的研究热点之一。在金属化合物与电解液的界面可以发生氧化还原反应，从而实现化学能存储和释放。通常情况下，赝电容超级电容器电容远远大于碳材料双电层超级电容器电容。要进一步增大赝电容，需要提高电极活性物质的利用率和电化学反应速度。目前，研究者已经开展了较多的金属化合物赝电容超级电容器的研究，其典型的化合物主要有以下 5 种。

2.4.2.1　RuO_2

RuO_2 及其水合物是最初用作超级电容器电极材料的金属氧化物，它有良好的导电性，其电导率为 3×10^2 S/cm，理论比容量为 1 358 F/g，在电解液中比较稳定，不易与电解液反应，因此，是比较理想的超级电容器电极材料。1995 年，美国陆军研究实验室制备了以 RuO_2 作为正极电极材料的超级电容器，比容量达到了 768 F/g，他们的结果使研究者看到 RuO_2 较好的电化学储能性能和潜在应用前景。研究者采用溶胶-凝胶法+热处理方法制备 $RuO_2\cdot xH_2O$ 电极材料，并将其用于超级电容器，研究结果表明，在 RuO_2 电极材料的表面

和体相内均发生氧化还原反应，提高了电极材料的利用率，比容量为 768 F/g，而且在此过程中，当 RuO_2 变为 $Ru(OH)_4$ 时，一个 Ru^{4+} 和两个 H^+ 反应，其比容量约为 1 000 F/g。研究表明，RuO_2 不同的形态对超级电容器的电化学储能性能有较大的影响。表 2-1 为各种 RuO_2 电极材料的性能比较。

表 2-1　各种 RuO_2 电极材料的性能比较

电极材料	电解液	工作电压/V	比容量/($F\cdot g^{-1}$)	能量密度/($W\cdot h\cdot kg^{-1}$)
RuO_2 晶膜	H_2SO_4	1. 4	380	13. 2
RuO_2/碳气凝胶	H_2SO_4	1. 0	250	8. 9
RuO_2/碳干凝胶	H_2SO_4	1. 0	256	8. 9
$RuO_2\cdot xH_2O$/Ti	H_2SO_4	1. 13	103. 5	3. 6
$RuO_2\cdot xH_2O$	H_2SO_4	1. 0	768	26. 4

Jeon 等人研究了 C 纤维上的 RuO_2 纳米棒电极材料电化学储能性能。当 RuO_2 纳米棒/C 作为超级电容器的电极材料时，表现了很好的电化学储能性能，在电流密度为 1 mA/cm^2 时，其比容量为 188 F/g，在功率密度在 400~4 000 W/kg 时，能量密度在 15~22 W·h/kg，而且超级电容器也表现了较好的循环稳定性，循环 3 000 次后，其比容量保持率为 93%。他们的研究表明，电极材料三维的纳米结构，有利于电解液离子迁移，提高超级电容器的电化学储能性能。RuO_2 也可以与其他材料复合，作为超级电容器的电极材料，如 RuO_2/石墨烯，RuO_2/Fe_2O_3 等。Xiang 等人报道了 RuO_2/Fe_2O_3 纳米粒子电化学储能性能。他们将 RuO_2/Fe_2O_3 纳米粒子嵌入多孔 C 中，构成超级电容器的电极材料，在 H_2SO_4 电解液中，其比容量高达 1 668 F/g，当功率密度为 4 000 W/kg 时，能量密度为 134 W·h/ kg，循环 3 000 次后，其比容量保持率为 93%。

2. 4. 2. 2　MnO_2

MnO_2 结构比较复杂，根据结构的不同，可以将其分为 α- MnO_2，β- MnO_2 和 γ- MnO_2 等，其基本骨架结构如图 2-7 所示，目前，一般认为 Mn^{4+} 与氧配位成八面体 MnO_6 形成立方密堆积结构，其中锰原子占据八面体中心，氧原子占据八面体顶角。以 MnO_6 八面体为基础，MnO 晶体形成了各种晶体结构，如 α、β、γ、λ、δ、ε 型。

在 α-MnO_2 结构中，Mn 原子与 6 个 O 形成八面体，并共用棱沿 c 轴方向形成双链，这样在其结构中，与相邻的双链公用顶角，构成 [x] 隧道，[x] 隧道间距约为 0. 46 nm，能够方便电解液离子在结构中发生迁移。β-MnO_2 为金红石结构，以 Mn 为中心的八面体发生了畸变，6 个 O 位于顶角，共用棱形成八面体单链。γ-MnO_2 为一种密排六方结构，在其结构中，[1×1] 和 [2×2] 隧道交错生长。一般情况下，β-MnO_2 和 γ-MnO_2 作为超级电容器材料的性能不及α-MnO_2，因此，MnO_2 作为超级电容器电极材料，即使有相同的化学组成，由于其晶体结构、几何形状、尺寸和隧道结构的不同，其展现的电化学储能性能存在差别。

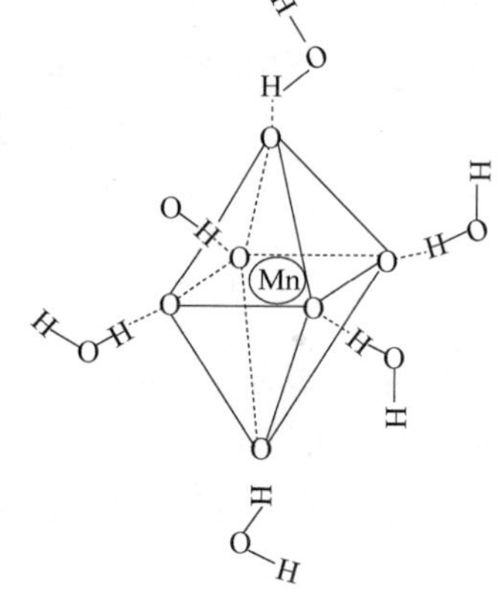

图 2-7　MnO_2 的基本骨架结构

MnO_2 材料主要基于赝电容进行能量的存储，也包括一定量的双电层电容，但是一般主要考虑赝电容的贡献，其在水系电解液中的反应机理如下：

$$MnO_2+M^++e^- \longleftrightarrow MnOOM$$

$$(MnO_2)_{surface}+M^++e^- \longleftrightarrow (MnOOM)_{surface}$$

式中，M^+代表 K^+、Na^+、H^+等阳离子。

电解液中 H^+和 OH^-等离子在电场力的作用下，会迁移到电解液和电极材料之间的界面，然后在界面吸附或发生电化学反应，实现能量的存储和释放。MnO_2 材料的理论比容量约为 1 370 F/g，是理想的超级电容器电极材料。在实际应用过程中，研究者发现，MnO_2 材料作为超级电容器电极材料也有其局限性，如电化学反应中存在一定程度的不可逆反应，造成容量损失，而且纳米 MnO_2 材料比较容易发生团聚，也不利于超级电容器的循环稳定性。此外，MnO_2 材料导电性不好，其电导率为 $10^{-5}\sim10^{-7}$ S/cm，也对其电化学储能性能产生不利的影响。研究表明，调控 MnO_2 材料的形貌，可以有效地调控超级电容器的电化学储能性能。

由于 MnO_2 材料在超级电容器方面的潜在应用，目前，研究者已经采用不同的技术合成 MnO_2 材料，如水热法和溶胶-凝胶法等。采用这些方法，研究者已经成功合成纳米颗粒、实心球、空心球、一维纳米材料以及一维纳米阵列等不同形貌的 MnO_2 材料。Li 等采用水热法合成 α-MnO_2 纳米/球形活性碳复合材料，其作为超级电容器电极材料时，其放电比容量为 357 F/g。图 2-8 为采用水热法制备的超长 α-MnO_2 纳米线。将其用作超级电容器的电极材料，在1 A/g 的电流密度下，比容量为 345 F/g，充电电流增加 10 倍，比容量保持率为 54.7%，循环 2 000 次比容量没有发生明显衰减，表现了极好的电化学储能和释放性能。

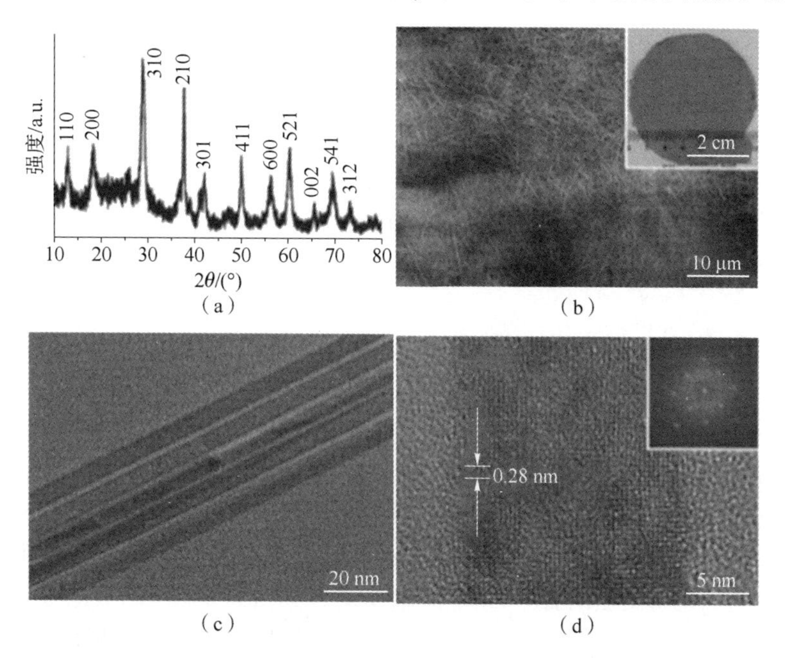

图 2-8　采用水热法制备的超长 α-MnO_2 纳米线

(a) XRD；(b) SEM；(c) TEM；(d) HRTEM

在 MnO_2 纳米材料的制备方法中，共沉淀法具有工艺简单、条件温和等优点，人们一直

都很重视这种合成MnO_2纳米材料的方法，即以二价锰盐和$KMnO_4$为原料，采用共沉淀法合成MnO_2纳米材料，但是这种方法得到的纳米材料形貌不均匀，不利于其电容性能的提升。若在水和异丙醇混合液中，以二价锰盐和$KMnO_4$为原料，可以较好地控制MnO_2纳米材料的形貌，得到不同晶体结构和形貌的MnO_2纳米材料，如α-MnO_2纳米针、纳米棒以及纺锤形的γ-MnO_2等，将这些材料用作超级电容器电极材料，结果表明，α-MnO_2纳米针展现良好的超级电容性能。

MnO_2纳米材料也可以采用电化学法制备，即在外加电场的作用下，Mn^{2+}被氧化，在阳极表面生成MnO_2纳米材料，其过程如下：

$$Mn^{2+}+2H_2O \longrightarrow MnO_2+4H^++2e^-$$

Tian等首次报道了电化学法制备MnO_2薄膜材料。通过优化工艺条件，可以制备不同比表面积、氧化态和水含量的MnO_2材料，MnO_2材料用作超级电容器的电极材料，表现较好的电化学储能性能，而且通过调节电化学工艺参数，可以有效地调控MnO_2材料的结构，从而调控超级电容器的电化学储能性能，如改变电流/电势的不同参数，可以制备出三维多孔结构的纳米纤维网状。通过对电化学法制备的MnO_2纳米管阵列的电极材料进行电化学分析发现，当电流密度为1 A/g时，该电极展现超大的比容量，即1 517 F/g（KOH溶液）和543 F/g（KNO_3溶液），这种电极材料适合在大电流充放电场合使用。

溶胶-凝胶法也是一种常用的制备MnO_2纳米材料的方法，这类方法的过程一般分为溶胶、凝胶和焙烧阶段，在制备MnO_2纳米材料时，产物的比表面积和形貌受制备过程中烧结温度的影响。对制备MnO_2纳米材料而言，在200~300 ℃下焙烧所得的纳米MnO_2具有较大的比表面积，在此温度范围内，可以很好地控制溶剂的蒸发速度，使材料的气孔和孔径分布比较均匀。

MnO_2材料导电性不好，当用作超级电容器电极材料时，只有很薄的一层MnO_2材料参与电化学反应，因此要提高MnO_2材料电容性能，需要提高其导电性。此外，MnO_2材料具有多种晶体结构，得到某种纯晶体结构的MnO_2材料比较困难，多晶体结构的MnO_2材料会使超级电容器稳定性和电化学可逆性降低，循环性能变差。因此，要使MnO_2材料广泛地应用于超级电容器中，需要通过改性，提高其导电性和循环性能。

2.4.2.3 Co_3O_4

Co_3O_4是尖晶石结构，具有很高的理论比容量（3 560 F/g），其价格低廉，被认为是有希望代替RuO_2的超级电容器电极材料。不同形貌结构的Co_3O_4纳米材料，作为超级电容器的电极材料，均表现良好的超级电容器特性。研究表明，采用溶胶-凝胶法制备的CoO_x干凝胶表现良好的电化学储能性能，特别是在150 ℃时制备的材料，其电化学储能性能优异，这主要是因为低温制备的CoO_x干凝胶比表面积较大，孔隙大小合适，而且在热烧结过程中，非晶结构向晶体转变，材料的稳定性增加。Jang等报道了斜方六面体结构的面心立方Co_3O_4，并系统地研究了其电化学储能性能。当CV扫描速度为10 mV/s时，超级电容器的放电比容量为430.6 F/g。研究发现，使用不同方法制备的Co_3O_4粉末材料的电容性能由于其导电性不好而使超级电容器的倍率性能表现不佳。因此，一些研究者将Co_3O_4纳米材料人为生长在导电的基体上。Li等采用溶剂热法在泡沫镍上制备3D Co_3O_4纳米结构（图2-9），并研究了其作为超级电容器电极材料的电化学储能性能。在优化条件下，超级电容器比容量达到4 705 mF/cm²，而且展现良好的循环性能。此外，Li等也报道了Co_3O_4/Ti_3C_2 MXene复合材料的电化学储能性能，相比于单一的 Co_3O_4 材料，Co_3O_4/Ti_3C_2 MXene 复合材料表现更为优异的电化学储能性能，显示了巨大的潜在应用前景。

图 2-9　泡沫镍上制备的 3D Co_3O_4 纳米结构 SEM 图

综上所述，不同的方法制备的 Co_3O_4 纳米结构比容量较高，成本较低，作为超级电容器的材料具有很好的潜在应用，但是其循环性能低于碳材料，且其多为水系电解液，工作电压不高，这也导致超级电容器能量密度不高，因此，需要探索提高 Co_3O_4 电极材料超级电容器能量密度的方法。

2.4.2.4　氢氧化物

氢氧化物相较于氧化物具有更高的电化学活性，过渡金属氢氧化物是通过 O—H 键的断裂和重连来进行充放电，氧化反应如下所示：

$$M(OH)_2+OH^- \longleftrightarrow MOOH+H_2O+e^- \quad (M\text{ 表示金属,如 Ni,Mn,Co 等})$$

Lan 等将 $Ni(OH)_2$ 纳米片生长在 3D 石墨烯泡沫上，这种结构使材料具有更大的比表面积和导电性，有更广的晶界和离子传输通道，提高了材料电化学活性位点，使电容器表现良好的电化学储能性能，当电流密度为 10 A/g 时，比容量为 1 606 F/g。研究发现，在 $Ni(OH)_2$ 电极材料中，通过掺杂引入 Co 等过渡金属元素，可以有效地提升其电化学储能性能，倍率性能相比于其他赝电容超级电容器也得到了极大的改善。Li 等在泡沫镍上制备了 $Ni(OH)_2$-MnO_2 纳米片阵列材料，并以其为电极材料组装了超级电容器。当电流密度为 2.5 mA/cm 时，其比容量为 14.7 F/cm^2。超级电容器良好的电化学储能性能是由于活性材料原位生长在集流体泡沫镍上，其良好的导电性提高了材料的离子扩散效率；此外，$Ni(OH)_2$ 与其他材料的复合以及核壳结构带来的高比表面积，也是其良好的电化学储能性能的原因之一。Dong 等制备了 g-C_3N_4@$Ni(OH)_2$ 纳米复合材料，并系统地研究了其电化学储能性能。在 7 A/g 电流密度下，其比容量为 1 768.7 F/g。非对称超级电容器 g-C_3N_4@$Ni(OH)_2$//石墨烯在两电极测试条件下，展现较好的电化学储能性能，能量密度和功率密度分别为 43.1 W·h/kg 和9 126 W/kg。

2.4.2.5 过渡金属硫化物

过渡金属氧化物和氢氧化物由于其较高的理论比容量以及制备简单的特点而被研究者广泛研究，因此，位于氧同族的过渡金属硫化物也逐渐得到了人们的关注。在研究过渡金属氧化物的电化学储能性能时，发现其电导率很低，严重影响了电极材料的电化学储能性能。相比于过渡金属氧化物，过渡金属硫化物拥有更高的理论比容量，更好的导电性和电化学活性。此外，过渡金属硫化物的制备也比较简单，可以通过水热法或者溶剂热法制备，得到结晶度低的硫化物材料。低结晶度能使电极材料具有较大的比表面积和较多的活性位点，亲水性一般也较好，在充放电过程中，这些性能均有利于活性材料与电解液充分接触，使离子更容易传导，从而有利于电极材料的电化学储能性能。过渡金属硫化物的充放电过程可以写成

$$MS+OH^{-}\longleftrightarrow MSOH+e^{-}\ \text{（M 表示金属）}$$

Ma 等制备了 NiS 纳米碗，并系统地研究了其电化学储能性能。NiS 纳米碗具有较大的比表面积，将其作为超级电容器的电极材料，在 1 A/g 的电流密度下，比容量为 874.5 F/g，而且超级电容器也展现较好的循环性能，循环 3 000 次后，比容量仍然有 90.2%的保持率。在两电极下测试 NiS//AC（活性炭）非对称超级电容器的电化学储能性能，当功率密度为 387.5 kW /kg 时，能量密度为 34.9 W·h/kg。

图 2-10 为泡沫镍上 Ni_3S_2 纳米材料的电化学储能性能。图 2-10（a）表示在 50 mV/s 扫描速度下不同 Ni_3S_2 电极材料（S-001，S-002，S-003 和 S-004）的循环伏安（CV）曲线，从图中可以清晰看到，在-0.2~0.8 V 的电压窗口下，都有一对完整对称的氧化还原峰，说明氧化还原反应具有高度的可逆性。图 2-10（b）为典型 Ni_3S_2 电极材料在不同扫描速度下的 CV 曲线，可以看出，随着扫描速度的增大，氧化峰向高电势移动，还原峰向低电势移动，呈现典型的赝电容特征。图 2-10（c）比较了 4 个样品在 0.1~10^5 Hz 的奈奎斯特曲线，所有样品的 R_S（等效串联电阻）都较小，通过比较，S-003 的 R_S 值最小，只有 0.495 Ω（S-001：0.643 Ω；S-002：1.919 Ω；S-004：4.685 Ω）。图 2-10（d）清晰显示了所有样品在 2.5 mA/cm^2电流密度下进行恒电流充放电（GCD）曲线，在曲线中存在赝电容的充放电平台，这是电池类电极材料的明显特征，这与 CV 曲线得出的结果一样，说明了材料良好的赝电容特征，这归因于高比表面积的微纳结构带来的离子传输效率的提高，以及金属离子掺杂电极材料的电导率的进一步提高。图 2-10（e）中，进一步表征了材料的电化学储能性能，将材料在 1~15 mA/cm^2的电流密度下测试，所有曲线都拥有较好的对称性。如图 2-10（f）所示，随着电流密度的增大，材料的比容量由 604.4 μA·h/cm^2变为 467.5 μA·h/cm^2，比容量保持率达到 77%，材料的倍率性能也得到改善。

研究表明，多元组分的过渡金属硫化物的电化学储能性能要优于单一组分的过渡金属硫化物。研究者在石墨烯上制备了 Ni-Co-S 纳米棒阵列，具有较大的比表面积，展现了良好的电化学储能性能，当电流密度为分别为 1 A/g 和 10 A/g 时，比容量达到了 918 F/g 和 364 F/g。在组装的非对称超级电容器中，功率密度为 85 W/kg 时，其能量密度为79.3 W·h/kg。研究者也研究了 Ni-Mn、Mn-Co、Zn-Co 等多组分过渡金属硫化物的电化学储能性能。

将不同材料复合也是提高材料电化学储能性能的方法，其复合方式主要有两类，一类是碳材料或者导电聚合物与过渡金属化学物复合，这类复合方式中，碳材料或者导电聚合物不直接参加电化学反应，只是起到骨架作用，使活性过渡金属化合物生长在这类材料上，如金

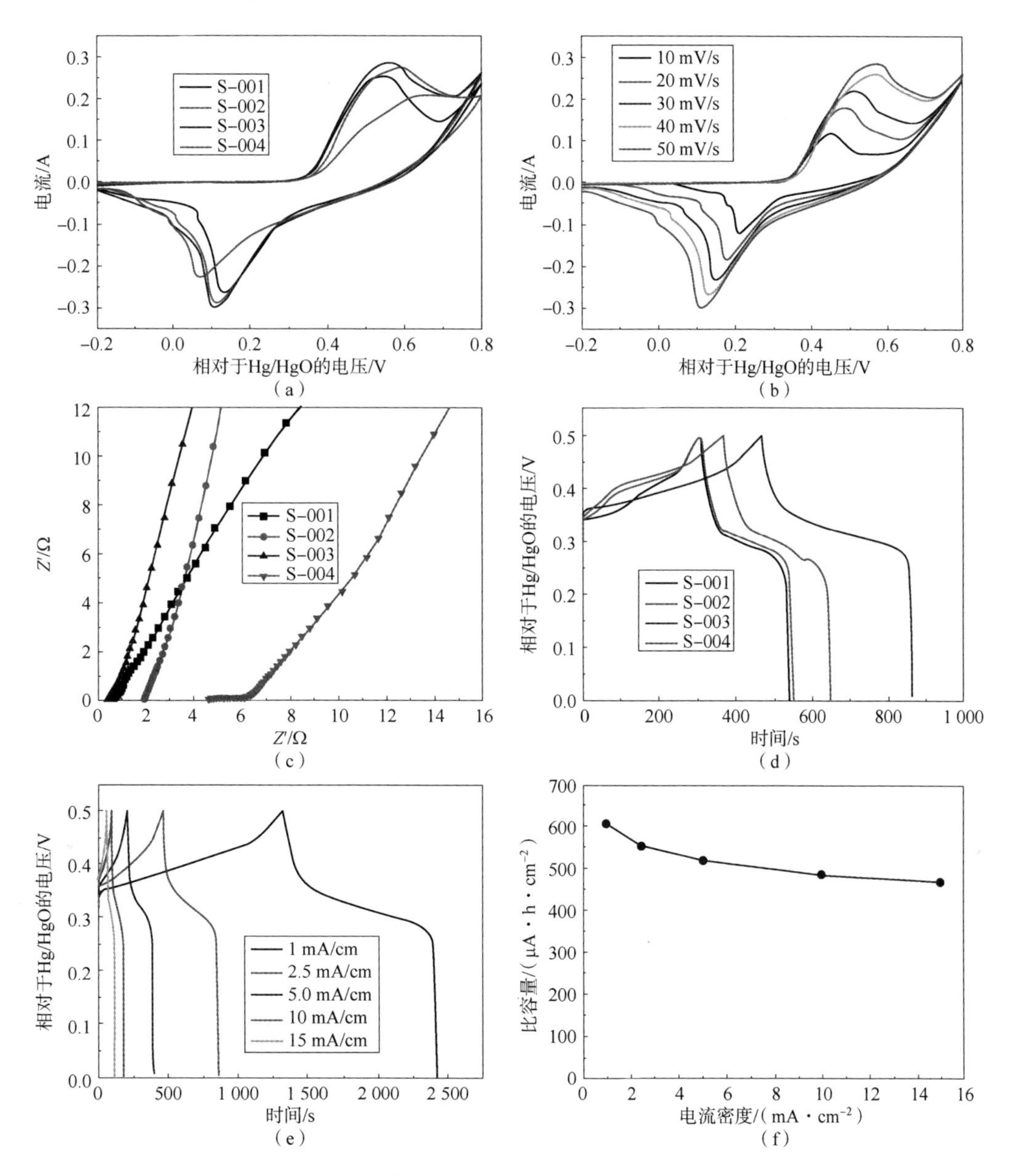

图 2-10 泡沫镍上 Ni_3S_2 纳米材料的电化学储能性能

(a) 在 50 mV/s 扫描速度下样品的 CV 曲线；(b) 典型样品在不同扫描速度下的 CV 曲线；(c) 样品在 0.1~10^5 Hz 的奈奎斯特曲线；(d) 样品在 2.5 mA/cm^2 电流密度下的 GCD 曲线；(e) 典型样品在不同电流密度下的 GCD 曲线；(f) 典型样品在不同电流密度下的比容量

(样品 S-001~S-004，其中 00X 表示 Ni_3S_2 材料的生长时间，00X 表示生长时间为 X h，如 001 表示 Ni_3S_2 材料生长为 1 h)

彩图 2-10

属硫化物与碳纳米管的复合。Yu 等报道了 Ni_3S_2/碳纳米管复合材料的电化学储能性能。他们在碳纳米管上生长了 Ni_3S_2 纳米颗粒，在 1 A/g 的电流密度下，其比容量为 883 F/g，组装成非对称超级电容器也表现较好的电化学储能性能，在 2 mol/L KOH 电解液中，其工作电压窗口为 1.7 V，在 425 W/kg 功率密度时，能量密度为 25.8 W·h/kg，同时，也表现了较好的循环性能。Zhao 等制备了 NiS 与过渡金属碳化物（Ti_3C_2 MXene）复合材料，这种二维结构材料显著提高了电极材料整体的导电性和电化学稳定性，复合材料的电化学储能性能优异，在 1 A/g 的电流密度下，其比容量为883 C/g，采用较大的电流测试其电化学储能性能，当电流密度增加到30 A/g时，比容量保存率仍有 64.3%。在非对称混合电容器的测试中，材料的能量密度和功率密度分别为 20 W·h/kg 和 0.5 kW/kg。另一类复合方式为复合材料组元一起形成多层级的复合结构，其作为超级电容器电极材料在充放电时，材料颗粒的膨胀收缩能够很好地缓解和避免颗粒之间的团聚，而且复合材料参与氧化还原反应，与之前的过渡金属化合物之间的协同作用能大大提升电化学储能性能。

2.4.3 导电聚合物

导电聚合物（导电高分子材料）是一类重要的超级电容器电极材料，这类材料包括聚吡咯（PPy）、聚苯胺（PANI）、聚噻吩（PTh）等，它们通过共轭键的氧化还原反应实现能量的存储和释放，而且导电聚合物可以通过嫁接官能团改性聚合物材料，这为提高导电聚合物超级电容器的电化学储能性能提供了新的途径。例如，改善聚合物材料的导电性、隔热性等性能，都能有效地改善其电化学储能性能。此外，在充放电过程中，离子的嵌入与脱嵌会导致导电聚合物体积膨胀、收缩，使其机械性能变差，因此，研究者通常采用碳纳米管、石墨烯等材料包覆导电聚合物，提高其导电性能和机械性能来提高其循环性能。导电聚合物是 1975 年被发现的，其聚合物是聚合物-聚硫氮$(SN)_n$，其电导率为 10^3 S/cm，而且在 0.3 K 时成为超导体。这一研究结果改变了人们对聚合物的认识，颠覆了传统的观点，也引起了人们的广泛关注。美国化学家 A. G. mAc Diannid 及物理学家 A. J. Heeger 报道了高电导率的碘掺杂聚乙炔，I 元素的引入极大地提高了聚乙炔的电导率。表 2-2 总结了典型导电聚合物的单体结构式、发现时间以及最高室温电导率。

表 2-2 典型导电聚合物的单体结构式、发现时间以及最高室温电导率

名称	单体结构式	发现时间	最高室温电导率/$(S\cdot cm^{-1})$
聚乙炔	—CH=CH—	1977 年	10^3
聚吡咯（PPy）	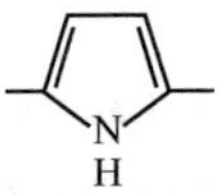 N H	1978 年	10^3
聚对苯撑		1979 年	10^3
聚对苯乙烯撑	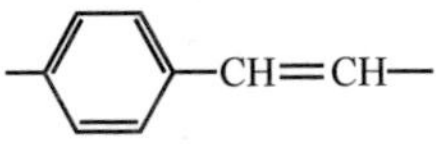 —CH=CH—	1979 年	10^3
聚苯胺（PAN_i）	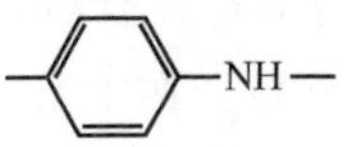 —NH—	1980 年	10^2
聚噻吩（PTh）	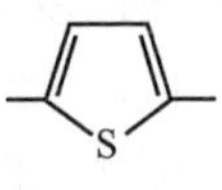 S	1981 年	10^3

导电聚合物的禁带宽度相比饱和聚合物来说要小得多（如聚乙烯的禁带宽度为8.8 eV），说明其具有较低的离子化电位和良好的电子亲和力，容易与适当的电子给体或电子受体发生电子转移，即进行化合或电化学掺杂，产生载流子而导电。图2-11为导电聚合物的骨架结构。

（a）

（b）

（c）

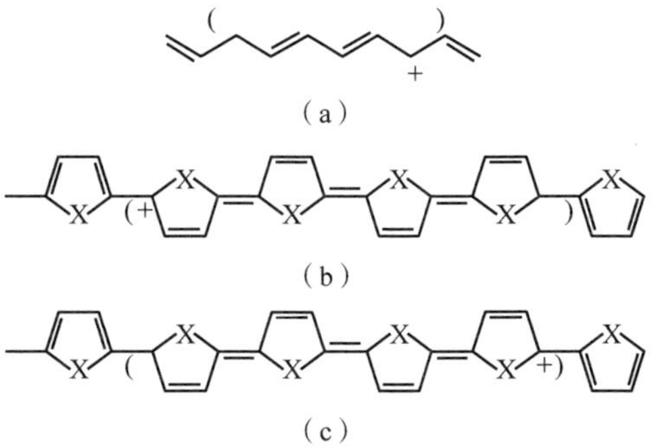

图2-11　导电聚合物的骨架结构

（a）孤子；（b）极化子；（c）双极化子

目前导电聚合物研究较多的是聚苯胺（PANI）、聚吡咯（PPy）和聚噻吩（PTh）及其衍生物。Yang等人报道了PPy/碳纳米管复合材料及其超级电容性能，其比容量为264 F/g，展现了良好的电化学储能性能，循环1 000次后，比容量保持率为89%。图2-12为制备PPy/碳纳米管复合材料过程示意图。然而研究表明，当大电流放电时，导电聚合物超级电容器比容量衰减较大，在水系电解液中进行充放电时，会发生一部分的水解损失，使材料的利用率和性能都有所降低。

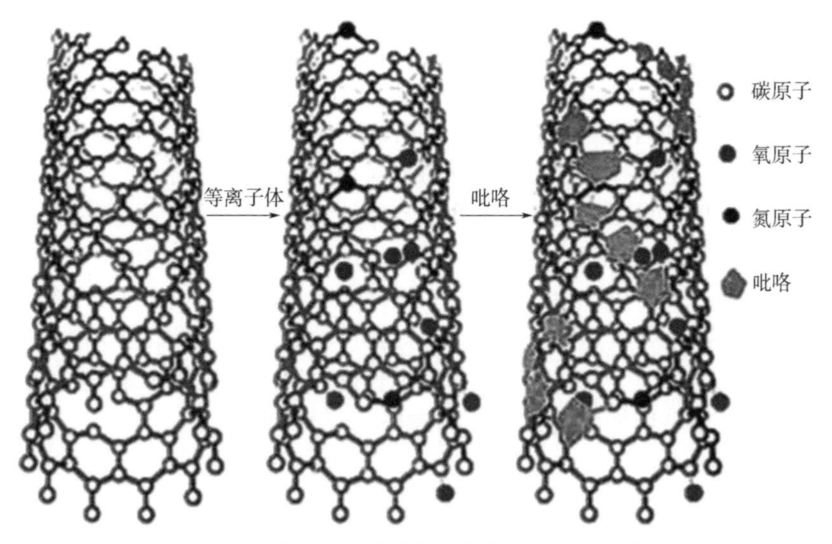

图2-12　制备PPy/碳纳米管复合材料过程示意图

此外，目前研究者正在针对单一电极材料的性能局限性，开发复合电极材料，如碳/金属化合物电极材料、碳/导电聚合物电极材料等，利用电极材料多组元之间的协同效应，提高超级电容器的电化学储能性能。

Ren等报道了MoS_2/PANI超级电容器的性能，他们在MoS_2纳米片上沉积PANI层，并用作超级电容器的电极材料，该电容器展现良好的电化学储能性能。在0.5 A/g时，其比容量为500 F/g，组装成对称双电极超级电容器，也有良好的电化学储能性能，当功率密度为335 W/kg时，其能量密度为35 W·h/kg，循环8 000次后，比容量保持率为81%，显示其在电化学储能领域的应用潜力。

2.5 超级电容器电解液

众所周知，电解液的性质对超级电容器的电化学储能性能会产生重要的影响，特别是受电解液的击穿电压和阻抗的影响。因此，对超级电容器中使用的电解液的性质和稳定性进行深入研究就显得十分有意义。目前，超级电容器的电解液包括水系（酸性、碱性和中性水系电解液）、有机电解液体系、离子液体体系以及它们之间的复合体系。水系电解液主要用于涉及电化学反应的双电层超级电容器和赝电容超级电容器，如H_2SO_4和KOH的水溶液。有机电解液体系包括有机溶剂和电解质：有机溶剂主要有环丁砜（SL）、N,N-二甲基甲酰胺（DMF）以及γ-丁内酯（GBL）、甲乙基碳酸酯（EMC）等酯类化合物；电解质中阳离子主要是锂盐、季铵盐和季磷盐，而阴离子主要是ClO-$_4$、PF_6^-、BF_4^-等。

Yu等人系统地研究了氧化还原媒介电解液的性能。他们将对苯胺加入$LiClO_4$电解液中，结果表明，对苯胺能较好地调节超级电容器充放电过程中的氧化还原反应，有效地提高了超级电容器的比容量，优化条件下，比容量为68.59 F/g，组装成双电极超级电容器，当功率密度为13.11 kW/kg时，能量密度为54.46 W·h/kg。

2.6 展　　望

超级电容器有优异的电化学储能性能，具有功率密度较高、循环使用寿命较长、充放电速度快、环境友好和安全性高等优势，在新时代实现双碳目标的战略要求下，发展超级电容器是非常重要的。电极材料是决定超级电容器性能的最关键的因素，也是目前最为关注的因素。尽管在碳材料、金属化合物、导电聚合物等方面已经取得了较大的进展，但距离实际应用对超级电容器性能的要求还有较大的距离，因此需要进一步提高其电化学储能性能，开发新的电极材料。电解液也是重要的组成部分，对器件的储能性能有重要影响，当前电解液主要集中在水系、有机电解液等体系，它们都表现较好的性能。此外，开发具有实际应用价值的不对称超级电容器体系也是重点发展的方向之一。

思　考　题

1. 比较超级电容器各电极材料的优缺点。
2. 水系电解液和有机电解液的区别有哪些？
3. 结合便携式电子产品的发展趋势，谈谈超级电容器在便携式电子产品中的应用前景。
4. 分析如何有效地提高超级电容器的能量密度。

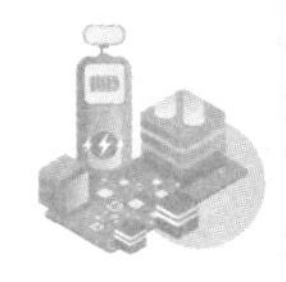

5. 分析比较超级电容器与二次电池的区别。

参考文献

[1] ZHANG L, SHI D, LIU T, et al. Nickel-based materials for supercapacitors [J]. Materials Today, 2019 (25): 35-65.

[2] SONG Z, MIAO L, RUHLMANN L, et al. Self-assembled carbon superstructures achieving ultra-stable and fast proton-coupled charge storage kinetics [J]. Advanced Materials, 2021, 33 (49): 2104148.

[3] APPIAH E S, MENSAH-DARKWA K, AGYEMANG F O, et al. Performance evaluation of waste tyre-activated carbon as a hybrid supercapacitor electrode [J]. Materials Chemistry and Physics, 2022 (289): 126476.

[4] PANAPARAMBIL V S, KASHYAP Y, CASTELINO R V. A review on hybrid source energy management strategies for electric vehicle [J]. International Journal of Energy Research, 2021, 45 (14): 19819-19850.

[5] ZHANG L L, ZHAO X S. Carbon-based materials as supercapacitor electrodes [J]. Chemical Society Reviews, 2009, 38 (9): 2520-2531.

[6] SHAO Y L, EL-KADY M F, SUN J Y, et al. Design and mechanisms of asymmetric supercapacitors [J]. Chemical Reviews, 2018, 118 (18): 9233-9280.

[7] EFREMOV S A, KISHIBAYEV K K, KABULOV A T, et al. Preparation and investigation of active carbons based on furfural copolymer [J]. Russia Chemistry Bulletin, 2018 (67): 997-1001.

[8] JIANG Y T, JIANG Z M, SHI M J, et al. Enabling high surface and space utilization of activated carbon for supercapacitors by homogeneous activation [J]. Carbon, 2021 (182): 559-563.

[9] MANN D, HALLS M D, HASE W L. Direct dynamics studies of CO-assisted carbon nanotube growth [J]. Journal of Physics and Chemistry B, 2002, 106 (48): 12418-12425.

[10] HAHM M G, REDDY A, COLE D, et al. Carbon nanotube-nanocup hybrid structures for high power supercapacitor applications [J]. Nano Letters, 2012, 12 (11): 5616-5621.

[11] ZHU F, LIU W, LIU Y, et al. Construction of porous interface on CNTs@ NiCo-LDH core-shell nanotube arrays for supercapacitor applications [J]. Chemical Engineering Journal, 2020 (383): 123150.

[12] LI J M, AN L, LI H Z, et al. Tunable stable operating potential window for high-voltage aqueous supercapacitors [J]. Nano Energy, 2019 (63): 103848.

[13] FIKRY M, ABBAS M, SAYED A, et al. Using a novel graphene/carbon nanotubes composite for enhancement of the supercapacitor electrode capacitance [J]. Journal of Materials Science: Materials in Electronics, 2022, 33 (7): 3914-3924.

[14] TIAN J, WU S, YIN X L, et al. Novel preparation of hydrophilic graphene/graphene oxide nanosheets for supercapacitor electrode [J]. Applied Surface Science, 2019 (496):

143696.

[15] SENTHILKUMAR E, SIVASANKAR V, KOHAKADE B R, et al. Synthesis of nanoporous graphene and their electrochemical performance in a symmetric supercapacitor [J]. Applied Surface Science, 2018 (460): 17-24.

[16] CHOI B G, YANG M, HONG W H, et al. 3D Macroporous graphene frameworks for supercapacitors with high energy and power densities [J]. ACS Nano, 2012, 6 (5): 4020-4028.

[17] LIU D, FU C, ZHANG N S, et al. Three-dimensional porous nitrogen doped graphene hydrogel for high energy density supercapacitors [J]. Electrochimica Acta, 2016 (213): 291-297.

[18] XU Y, LIN Z, HUANG X, et al. Functionalized graphene hydrogel-based high-performance supercapacitors [J]. Advanced Materials, 2013, 25 (40): 5779-5784.

[19] JEON S, JEONG J H, YOO H, et al. RuO_2 nanorods on electrospun carbon nanofibers for supercapacitors [J]. ACS Applied Nano Materials, 2020, 3 (4): 3847-3858.

[20] XIANG D, YIN L, WANG C, et al. High electrochemical performance of RuO_2-Fe_2O_3 nanoparticles embedded ordered mesoporous carbon as a supercapacitor electrode material [J]. Energy, 2016 (106): 103-111.

[21] LI Z, LIU Z, LI D, et al. Facile synthesis of α-MnO_2 nanowires/spherical activated carbon composite for supercapacitor application in aqueous neutral electrolyte [J]. Journal of Materials Science: Materials in Electronics, 2015 (26): 353-359.

[22] LI W, LIU Q, SUN Y, et al. MnO_2 ultralong nanowires with better electrical conductivity and enhanced supercapacitor performances [J]. Journal of Materials Chemistry, 2022, 22 (3): 14864-14867.

[23] TIAN Y, LIU Z, XUE R, et al. An efficient supercapacitor of three-dimensional MnO_2 film prepared by chemical bath method [J]. Journal of Alloys and Compouds, 2016 (671): 312-317.

[24] JANG G S, AMEENA S, AKHTAR M S, et al. Cobalt oxide nanocubes as electrode material for the performance evaluation of electrochemical supercapacitor [J]. Ceramic International, 2018, 44 (1): 588-595.

[25] LI S, FAN J, XIAO G, GAO S, et al. Synthesis of three-dimensional multifunctional Co_3O_4 nanostructures for electrochemical supercapacitors and H_2 production [J]. Journal of Materials Science: Materials in Electronics, 2022, 33 (13): 10207-10225.

[26] LI S, FAN J, XIAO G, et al. Multifunctional $Co_3O_4/Ti_3C_2T_x$ MXene nanocomposites for integrated all solid-state asymmetric supercapacitors and energy-saving electrochemical systems of H_2 production by urea and alcohols electrolysis [J]. International Journal of Hydrogen Energy, 2022, 47 (54): 22663-22679.

[27] LAN W, TANG G, SUN Y, et al. Different-layered $Ni(OH)_2$ nanoflakes/3D graphene composites for flexible supercapacitor electrodes [J]. Journal of Materials Science: Materials in Electronics, 2016 (27): 2741-2747.

[28] LI J, WEI C, SUN Y, et al. Hierarchical $Ni(OH)_2$-MnO_2 array as supercapacitor electrode with high capacity [J]. Advanced Materials Interfaces, 2019, 6 (3): 1801470.

[29] DONG B, LI M, CHEN S, et al. Formation of g-C_3N_4@ $Ni(OH)_2$ honeycomb nanostructure and asymmetric supercapacitor with high energy and power density [J]. ACS Applied Materials and Interfaces, 2017, 9 (21): 17890-17896.

[30] MA X, ZHANG L, XU G, et al. Facile synthesis of NiS hierarchical hollow cubes via Ni formate frameworks for high performance supercapacitors [J]. Chemical Engineering Journal, 2017 (320): 22-28.

[31] 李松阳. 镍基硫/硒化物的电化学性能研究 [D]. 长沙: 长沙理工大学, 2021.

[32] YU W, LIN W, SHAO X, et al. High performance supercapacitor based on Ni_3S_2/carbon nanofibers and carbon nanofibers electrodes derived from bacterial cellulose [J]. Journal of Power Sources, 2014 (272): 137-143.

[33] YANG L, SHI Z, YANG W. Polypyrrole directly bonded to air-plasma activated carbon nanotube as electrode materials for high-performance supercapacitor [J]. Electrochimica Acta, 2015 (153): 76-82.

[34] REN L, ZHANG G, Lei J, et al. Growth of PANI thin layer on MoS_2 nanosheet with high electrocapacitive property for symmetric supercapacitor [J]. Journal of Alloys and Compounds, 2019 (798): 227-234.

[35] YU H, WU J, FAN L, et al. An efficient redox-mediated organic electrolyte for high-energy supercapacitor [J]. Journal of Power Sources, 2014 (248): 1123-1126.

[36] 雷永泉. 新能源材料 [M]. 天津: 天津大学出版社, 2000.

[37] 管从胜, 杜爱玲, 杨玉国. 高能化学电源 [M]. 北京: 化学工业出版社, 2005.

[38] 陈军, 陶占良, 苟兴龙. 化学电源原理、技术与应用 [M]. 北京: 化学工业出版社, 2006.

[39] 李建保, 李敬锋. 新能源材料及其应用技术 [M]. 北京: 清华大学出版社, 2005.

第 3 章 太阳能电池材料与器件

随着社会的不断发展，人类面临的能源形势和生态环境在不断恶化，发展绿色新型能源越来越被关注，而太阳能是取之不尽、用之不竭的绿色环保能源，因此，开发太阳能以解决能源问题被认为是有效的方法。开发高效廉价的太阳能电池是解决世界范围内能源危机和环境问题的一条重要途径。太阳能电池发明到现在已有 180 多年，但从来没有像现在这样受到重视和获得高速的发展。本章主要介绍目前太阳能电池概述、工作原理、特性参数以及典型的太阳能电池的结构特性与应用前景。

3.1 太阳能电池概述

3.1.1 太阳能电池的发展史

太阳能的利用形式不同，主要有光电转换、光热转换和光化学转换三种方式，其中光电转换，即利用太阳能电池将光能转换成电能的研究是目前研究者最为关注的，也是发展最快的。太阳能电池是光伏发电最重要的器件，它的历史可以追溯到 1839 年法国科学家 Becquerel 在液体中观察到的光生伏特效应，经过 100 多年的发展，太阳能电池领域的基础研究和技术进步都取得了很大的发展，而且单晶硅太阳能电池广泛地应用于社会工业中，极大地推动太阳能电池技术的发展，起到了里程碑的作用。随着科技的进步和市场的需求，太阳能电池领域也逐渐发展出多种类型的太阳能电池，如非晶硅太阳能电池、多元化合物薄膜太阳能电池、有机物太阳能电池、染料敏化太阳能电池等。

从太阳能电池在 20 世纪 80 年代的发展来看，太阳能电池工业开始成熟，各类太阳能电池的光电转换效率（PCE）不断提升，例如单晶硅、多晶硅太阳能电池的光电转换效率分别达到了 20%和 14.5%。世界发达国家逐渐建立了太阳能电池公司，这对太阳能技术的发展起了极大的推动作用；砷化镓太阳能电池也有了较大的发展，光电转换效率已经达到 22.5%；在太阳能电池产业发展初期，缺乏私人投资和政府的连续支持，导致很多公司放弃研发，太阳能电池技术发展受到一定的影响。

20 世纪 90 年代，太阳能电池技术进入一个新阶段，瑞士 Gratzel 教授报道了染料敏化太阳能电池，同时，其他各类太阳能电池技术也迅速发展，里程碑的工作如下：

1991年，瑞士Gratzel报道了纳米TiO_2染料敏化太阳能电池，其效率达到7%，使研究者看到了这类电池的应用潜力。

1994年，美国NREL研制了GaInP/GaAs聚光多结太阳能电池，光电转换效率超过30%。

1998年，世界太阳能电池年产量超过151.7 MW。

1999年，世界累计建立光伏电站达1 000 MW；Green研究组制备的单晶硅太阳能电池的效率达4.7%，创世界纪录；非晶硅太阳能电池占市场份额1.3%。

2002年，世界累计建立光伏电站达2 GW；多晶硅太阳能电池售价约为2.2 USD/W。

2004年，世界太阳能电池年产量超过100 MW；德国Fraunhofer ISE多晶硅太阳能电池效率达到20.3%。从此，太阳能电池技术的发展进入较为成熟的产业化阶段，围绕着太阳能电池技术，产生了较多的公司，如First Solar、Longji、Jing Ko等。

最近，在染料敏化太阳能电池的基础上，研究者在太阳能电池结构中引入钙钛矿材料，设计了钙钛矿太阳能电池，其光电转换效率达到了25%。据研究者预计，到2050年，世界太阳能发电量利用将占全部能源消耗的30%~50%份额。

在太阳能电池发展的历史中，我国太阳能电池技术起步较晚，但是我国的科研人员也勇于探索，为太阳能电池技术的发展做出了较大的贡献，取得了一系列的重要科技成果，太阳能电池在我国也经历多个重要的发展阶段：

1958年，科技工作者开始研究太阳能电池。

1959年，中国科学院半导体研究所报道了具有实用价值的太阳能电池。

1971年，将太阳能电池用于人造卫星-科学实验卫星实践一号。

1973年，将太阳能电池用在天津港的海面航标灯上。

1979年，开始利用半导体工业废次硅材料制造硅太阳能电池。

1980—1990年，引进太阳能电池关键设备、成套生产线和技术，太阳能电池生产能力达到4.5 MW/年，初步形成产业。

2005—2006年，太阳能电池组件产量在10 MW/年以上，我国已经成为世界重要的光伏工业基地，形成光伏产业链。

由于人类面临着严重的能源问题，新型绿色能源发展是解决能源危机的重要途径，作为一种重要的太阳能利用器件，太阳能电池技术普遍得到各国政府的重视和支持。在技术不断进步和各国相关政策不断完善下，太阳能电池产业在20世纪90年代以后进入了迅速发展的阶段。特别是21世纪初期，世界光伏产业平均年增长率达31.5%，2010年前后，年增长率更是接近惊人的50%。近几年，光伏产业虽然开始出现产能过剩的问题，但仍然保持一定的增长趋势。太阳能电池生产规模的扩大将会促进电池成本的进一步降低，从而进一步扩大光伏产业的发展。随着各国科研工作者的不懈努力，使太阳能电池的光电转换效率不断提高，同时制造成本也将大幅降低，光伏产业也正逐步快速成为稳定发展的新兴产业。

3.1.2　太阳能电池的分类

太阳能电池根据所用材料的不同，将其大致分为以下几类。

3.1.2.1 硅太阳能电池

硅太阳能电池的发展始于20世纪60年代。经过几十年的发展，硅太阳能电池无论是理论研究上，还是制备工艺上都已相当成熟。硅太阳能电池光电转换效率高，工艺成熟，稳定性好，能在户外工作几十年不衰减。目前，市场上主要以硅太阳能电池为主，其约占据90%的市场份额。硅太阳能电池按硅材料的不同晶型又可分为单晶硅、多晶硅和非晶硅三种类型。

1. 单晶硅太阳能电池

单晶硅太阳能电池是以高纯度单晶硅作为主要原料，是当前开发得最为充分的一种能量转换装置，其转换效率在同类产品中是最高的，而且技术也最为成熟。目前，单晶硅太阳能电池实验室光电转换效率已经能达到25.6%，远远超过其他非晶硅、多晶硅太阳能电池，其生产规模和应用范围大大超过其他类型的太阳能电池。由于单晶硅太阳能电池是太阳能电池市场上的主流产品，因此，研究如何提高单晶硅太阳能电池的光电转换效率，仍然是研究者所关注的重点之一。Wei等人采用嵌入本征层薄膜的方法，明显地提高了单晶硅太阳能电池的光电转换效率。他们在P型硅基体上，采用等离子体化学沉积技术生长了50 nm厚的非晶硅薄膜。研究发现，非晶硅薄膜明显地增加了太阳光的吸收，降低了光生电子和空穴的复合，从而将单晶硅太阳能电池的光电转换效率由19.7%提高到20.9%。最近，Zhong等人研究了准单晶硅（QSC-Si）太阳能电池的性能，他们发现，准晶硅在Si晶体材料中的比例，在一定程度上影响太阳能电池的光电转换效率，当Si晶体的比例从100%降到50%时，太阳能光电转换效率从18.2%降低到17.0%，这是因为准单晶硅含有缺陷导致太阳能电池光电转换效率降低。

由于单晶硅太阳能电池依赖于高质量的单晶硅和烦琐的加工处理工艺，使其制造成本居高不下，为了节省硅材料，研究者将太阳能电池的原料转向了多晶硅、非晶硅原料，用其代替单晶硅原料，制造太阳能电池。

2. 多晶硅太阳能电池

20世纪70年代，为了降低硅太阳能电池的制造成本，研究者开始研究多晶硅太阳能电池。多晶硅太阳能电池不需要高纯度的单晶硅材料，制备工艺相对简单，电池也没有明显的效率衰退问题，目前的光电转换效率可以达到15%以上，因此，多晶硅太阳能电池具有巨大的应用潜力。

在多晶硅中，由于存在大量的晶界或缺陷，这些材料的结构特征能使光生电子和空穴复合，降低多晶硅太阳能电池的光电转换效率，研究者在开发多晶硅太阳能电池的过程中，研究了很多技术途径来提高多晶硅太阳能电池的光电转换效率，如El-Amin等人在多晶硅太阳能电池结构中引入防反射层，增加对太阳光的吸收。他们在多晶硅上生长了SiO_2-TiO_2层作为防反射层，SiO_2-TiO_2层增加了太阳能电池对太阳光的吸收，提高了器件的光电转换效率，而且发现防反射层的厚度不同，对光电转换效率提高的程度也不同。也有研究者研究了其他材料作为防反射层，如SiN_x：H层，这些防反射层有效地减少了太阳光的反射，增加了太阳能电池对太阳光的吸收，提高了光电转换效率。

随着纳米材料的不断发展，将纳米材料引入多晶硅太阳能电池中，也能有效地提高光电转换效率。Pi等采用硅量子点打印技术制备多晶硅薄膜，发现硅量子点明显地提高了多晶

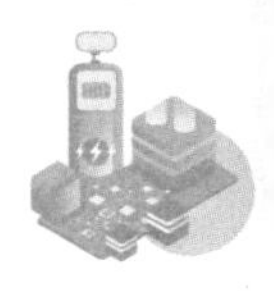

硅太阳能电池的光电转换效率，这是由于硅量子点薄膜为多孔结构，能有效地减少太阳光的反射，此外，硅量子点也能减小电子在薄膜表面的迁移距离。

Schindler 等人以 N 型硅为例，总结了多晶硅太阳能电池光电转换效率存在的一些问题。多晶硅固有的晶界和缺陷导致其存在对太阳光的吸收降低、光生电子和空穴易复合等问题，进而影响太阳能电池的光电转换效率。此外，研究表明，多晶硅的晶界和缺陷导致太阳能电池的开路电压和填充因子约损失 1.5%，但可以通过晶化来提高多晶硅的洁净度，减少晶界和缺陷，提高太阳光吸收率，也可以通过使用太阳光聚焦或偏转设备来提高多晶硅的光电转换效率。

3. 非晶硅太阳能电池

相对于单晶硅和多晶硅太阳能电池，非晶硅太阳能电池制备工艺简单，生产成本低，可以做成薄膜结构，质量轻，因而具有很大的发展潜力。目前，非晶硅太阳能电池的光电转换效率不高，一般在 5%~10%。此外，非晶硅太阳能电池在使用过程中，存在较为明显的光致衰退，限制了它的实际应用。因此，解决这类电池的稳定性并进一步提升光电转换效率，是未来发展的关键。

Crandall 等人报道了非晶硅太阳能电池中的少数载流子迁移，他们采用瞬态电容技术分析了少数载流子过程。在他们的电池结构中，P 型非晶硅与 N 型单晶硅形成异质结，少数载流子为空穴，当空穴从非晶硅转移到单晶硅时，空穴会被异质结的耗尽层的空穴所阻挡，影响了太阳能电池的光电转换性能。Fang 等人报道了氢化非晶硅太阳能电池，他们在实验中将本征或者 P 型非晶硅层作为氢化非晶硅太阳能电池的缓冲层。研究结果表明，缓冲层对非晶硅太阳能电池的开路电压影响较大，以氢化后的非晶硅作为缓冲层，能将开路电压提高到909 mV，而且当缓冲层厚度较小时，会有外部量子效应现象。Isabella 在太阳能电池中设计了介质分布式布拉格背反射器来减少太阳光的反射，增加对太阳光的吸收，从而提高光电转换效率。他们设计了非晶硅/氮化硅层作为太阳能电池的布拉格背反射器，可以在较长的波长范围内发挥作用，光电性质测试表明，布拉格背反射器在长波长范围内增加了外量子效率，其性能可以与银背反射器相比。Sritharathikhun 等人系统研究了非晶硅太阳能电池吸收层，他们采用等离子体化学气相沉积技术制备了非晶硅吸收层，在优化的工艺参数下，双 a-SiO_x:H/a-Si:H 比通常的单 a-SiO_x:H/a-Si:H 太阳能电池开路电压高，其光电转换效率为 10.2%。

总之，非晶硅太阳能电池作为一种硅太阳能电池，目前的光电转换效率还没有达到单晶硅和多晶硅太阳能电池的光电转换效率，但是由于非晶硅材料制造成本较低，研究者仍然不断地开发非晶硅太阳能电池技术，提高非晶硅太阳能电池光电转换效率，在今后的实际应用中将大有作为。

3.1.2.2 多元化合物薄膜太阳能电池

多元化合物薄膜太阳能电池主要是采用无机盐化合物制造的薄膜太阳能电池，这些无机盐包括 CdTe、GaAs、CdS 及 Cu(In,Ga)Se 等。Ⅲ~Ⅴ族化合物多为直接带隙材料，通常微米厚的吸光层就能对太阳光有较多的吸收，CdS 和 CdTe 薄膜太阳能电池尽管比非晶硅太阳能电池光电转换效率高，制备成本也比单晶硅太阳能电池低廉，而且可以规模化生产，但 Cd 是剧毒物，会给环境带来一定的污染，并不是硅太阳能电池最理想的替代产品。

Li 等报道了 CdTe 薄膜太阳能电池，他们用 CdS 对 CdTe 薄膜进行适当的处理，结果表明，CdS 处理后的 CdTe 薄膜太阳能电池具有更高的开路电压和光电转换效率。未经 CdS 处理的 CdTe 薄膜太阳能电池开路电压为 0.76 V，光电转换效率为 12.0%，但经 CdS 处理的 CdTe 薄膜太阳能电池开路电压为 0.83 V，光电转换效率为 13.3%。此外，他们在研究中发现，生长在 CdS 薄膜上的 CdTe 具有较大的晶粒，较高的薄膜质量，光电性质的提高是由于 CdS 薄膜上的 CdTe 结晶质量有了明显的提高。Ali 等人从理论方面研究了 CdTe 的能带工程，为进一步优化 CdTe 的能带、提高对太阳光的吸收提供理论参考。他们将薄膜太阳能电池的结构设计成 N-SnO_2/N-CdS/P-CdTe/P-CdTe：Te/金属，系统地分析了 Te 元素浓度和 CdTe 厚度对 CdTe 能带的调节情况，结果表明，CdTe：Te 作为缓冲层能有效地提高薄膜太阳能电池的开路电压和光电转换效率，通过优化设计，使 CdTe 薄膜太阳能光电转换效率超过了 15%。

GaAs 化合物材料用作薄膜太阳能电池的原料，具备合适的光学带隙、较高的光吸收效率和较强的抗辐射能力，且耐热性好，是制备薄膜太阳能电池比较理想的材料，其光电转换效率可以达到 8%以上。但是 GaAs 化合物价格较贵，一定程度上限制了其产业化发展。因为 Si 基体与 GaAs 的晶格参数相差较大，适配严重，在界面处会存在大量的缺陷，所以在 Si 基体上制备高质量的 GaAs 材料一直是 GaAs 薄膜太阳能电池领域的一个技术挑战。Ren 等人采用 GaAs/GaAs 双结层代替单结层，构筑了 GaAs/GaAs/Si 三结薄膜太阳能电池，增加了太阳光的吸收，缓解了 Si 基体上生长单结薄膜太阳能电池的吸收效率较低的难题，提高了薄膜太阳能电池的光电转换效率。GaAs/GaAs/Si 三结薄膜太阳能电池有较高的理论光电转换效率（33%），其实际的光电转换效率约为 31%。Laghumavarapu 等人将纳米结构引入 GaAs 薄膜太阳能电池中，在太阳能电池结构中制备 GaSb/InGaAs 量子点-井。分析 GaAs PIN 结构可知，GaSb/InGaAs 量子点-井结构能够提高薄膜太阳能电池对太阳光的吸收，光电转换效率为 14.4%。他们的研究表明，纳米材料和纳米结构可以提高 GaAs 薄膜太阳能电池的光电转换效率。Jang 等人报道了柔性 GaAs 薄膜太阳能电池，采用微区刻蚀技术加工 P-GaAs 材料后，在 GaAs 薄膜太阳能电池中形成了微柱结构，微柱结构增加了对太阳光光子的吸收，将光电转换效率由 10.7% 提高至 11.2 %，他们的研究结果为提高 GaAs 薄膜太阳能电池光电转换效率提供了一种技术途径。

Cu(In,Ga)Se 薄膜太阳能电池，简称为 CIGS 薄膜太阳能电池，作为多元化合物薄膜太阳能电池的佼佼者，具有高吸光系数，且带隙可调控，被公认为是硅太阳能电池的最佳替代者。研究表明，Cu(In,Ga)Se 薄膜太阳能电池光电转换效率高，且在使用过程中不存在光致衰退。此外，原料以及加工相对经济，工艺简单，CIGS 薄膜太阳能电池是太阳能电池发展的重要方向之一。目前，此类太阳能电池存在唯一的问题是这类电池中所采用的 Ga 和 Se 为稀有元素，限制了其发展。

Cojocaru-Miredin 等人采用原子探针摄影技术在纳米尺度上研究了 Cu(In,Ga)Se_2 薄膜太阳能电池中的 PN 结区域。在 CdS/Cu(In,Ga)Se_2 PN 结区域，在界面 Cu(In,Ga)Se_2 侧，他们观测到了 1 nm 厚度的 Cd 掺杂层，在这个掺杂层中，Cu、Ga 的量减少，而 Cd 在与 GaS 接触的 SCu(In,Ga)Se_2 晶界处较多，PN 结区域的结构特征会影响 Cu(In,Ga)Se_2 薄膜太阳能电池的光电转换效率。

Jung 等人研究了 Cu(In,Ga)Se 薄膜中缺陷的调控。他们以 Cu$(In,Ga)_2Se_3$为前驱体制备 Cu(In,Ga)Se 薄膜，薄膜表面低浓度的 Ga 元素有利于提高 Cu(In,Ga)Se 薄膜光电转换效

率，当 Ga/(In+Ga) = 0.06 时，光电转换效率为 10.8%。在相同的 Ga/(In+Ga) 值时，对 Cu(In,Ga)Se 薄膜进行热处理，有利于提高 CIGS 薄膜太阳能电池的光电性能。因此，要控制Cu(In,Ga)Se薄膜表面的 Ga 元素浓度，从而提高光电转换效率。Liu 等人研究了 Ga 元素在 Cu(In,Ga)Se 薄膜的梯度浓度分布，表面过高的 Ga 含量，会使表面结晶变差，缺陷增多，不利于薄膜太阳能电池光电性能的改善，但在背电极表面，Ga 的梯度浓度增加，有利于电子输送和收集，提高开路电压，因此，可以通过优化 Ga 的梯度浓度，提高薄膜太阳能电池的光电性能。

3.1.2.3　有机物太阳能电池

采用具有不同氧化还原电势的有机物，通过在电极表面进行多层复合，制备的类似无机 PN 结的单向导电器件，称为有机物太阳能电池。这类太阳能电池可通过简单的化学合成得到，导致有机物太阳能电池的制备成本很低，只有单晶硅太阳能电池的 1/5。此外，有机材料柔性好，可以制备柔性太阳能电池，质量轻，便于携带，因而受到越来越多的关注。近年来，有机物太阳能电池发展迅速，但由于有机物太阳能电池起步较晚，无论是在电池的光电转换效率方面，还是在电池的稳定性和制备技术方面，都还无法和硅太阳能电池相比。因此，发展实用和规模化的有机物太阳能电池还需要相当一段时间的研究。

Jeon 等人在有机物太阳能电池中引入中间层，有效地提高有机物太阳能电池的光电性能。他们将有机物 HAT-CN 嵌入活性层和 Al 电极之间，用来提高空穴收集，有效地提高了太阳能电池的开路电压和填充因子，太阳能电池的光电转换效率由 0.36%提高至 2.09%。

Tang 等人介绍了光捕获在有机物太阳能电池中的重要性。由于有机物半导体材料迁移率较低，光生电子和空穴容易复合，因此要求活化层比较薄，使载流子的迁移距离比较小，减少复合，但是太阳光在薄活性层中容易损失，因此，在有机物太阳能电池中，活化层对光的吸收过程研究是非常重要的。活化层厚度设计需要优化太阳能电池光吸收和载流子迁移，从而提高有机物太阳能电池的光电转换效率。

3.1.3　光伏产业发展现状

3.1.3.1　世界光伏产业发展现状

目前，各国均大力发展太阳能电池，加大对太阳能的利用，以缓解社会发展面临的能源危机。特别是进入 21 世纪，光伏产业进入了快速发展时期。2004 年，世界光伏累计装机容量增长到 4 GW。此后，世界光伏累计装机容量更是以每两年翻一倍的速率增长，到 2012 年已经增长接近 100 GW。虽然近年来由于产能过剩带来的光伏危机，使增长率自 2013 年开始有所下降，但经过短暂的低迷之后，自 2014 年起，光伏产业再次进入全球规模的扩张期。根据中国产业信息网的数据，2016 年底，世界光伏装机总量为 306.5 GW，2016 年，世界新增光伏装机容量为 76.6 GW，同比增长了 51.4%。

目前，太阳能电池主要用于并网发电系统，世界很多国家，特别是发达国家，如美国、日本和德国均制订了各自的光伏发展路线。毫无疑问，在未来，光伏发电将会占据世界能源结构中的重要位置，成为世界能源供应的主体之一。根据欧洲 JRC 的预测，2030 年，光伏发电可以占世界总电力的 10%以上，2040 年，光伏发电将占世界总电力的 20%以上，到 21 世纪末，

光伏发电占世界总电力的60%以上，可见光伏发电在社会电力供应中的重要战略地位。

3.1.3.2 中国光伏产业发展现状

目前，中国已经形成成熟且有竞争力的光伏产业链，在国际上处于领先地位。中国光伏产业能够发展到现在规模和技术，主要得益于国家政府的支持和导向。

2003—2007 年，中国光伏产业迅速发展，平均增长率达到 190%。2007 年，中国超越日本成为全球最大的光伏发电设备生产国。2008 年，受到全球金融危机以及后来国际社会“双反”的严重影响，中国光伏产业变得更理性。2013 年，在国家政策的支持下，中国光伏产业掀起了另一个装机热潮，光伏产品价格开始回升。2013—2016 年，中国连续四年光伏发电新增装机量世界排名第一，特别是 2016 年，中国新增装机容量高达 34.54 GW，占世界新增装机总量的 45.09%。图 3-1 为 2013—2021 年中国新增光伏装机容量。

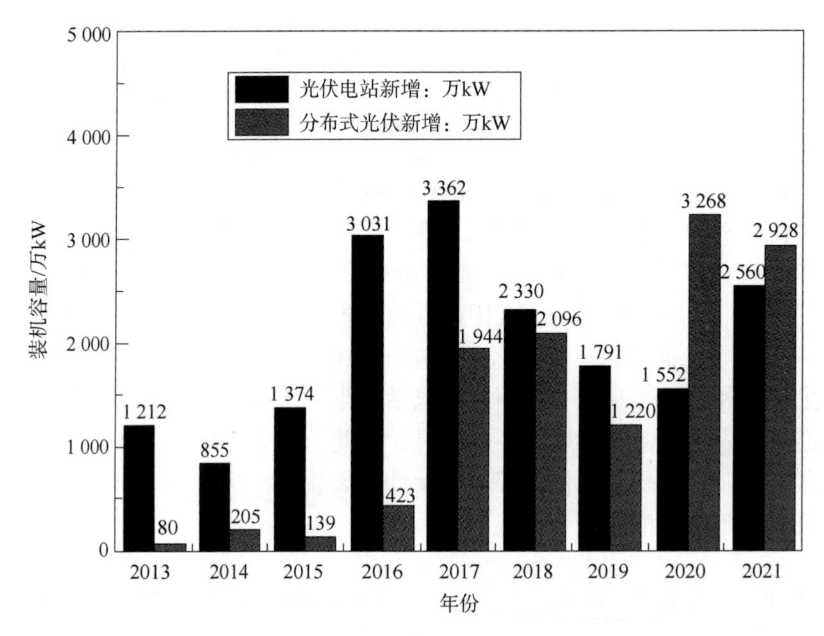

图 3-1 2013—2021 年中国新增光伏装机容量（数据来源：智研咨询）

在国家“十四五”规划中，太阳能发电也是重点发展的行业。总体思路：全面推进太阳能发电大规模开发和高质量发展，优先就地就近开发利用，在太阳能资源禀赋较好、建设条件优越、具备持续整装开发条件、符合区域生态环境保护等要求的地区，有序推进光伏发电集中式开发，加快推进以沙漠、戈壁、荒漠地区为重点的大型光伏基地项目建设，积极推进黄河上游、新疆、冀北等多能互补清洁能源基地建设。积极推动工业园区、经济开发区等屋顶光伏开发利用，推广光伏发电与建筑一体化应用，开展光伏发电制氧示范。

3.2 太阳能电池的工作原理

太阳能电池是利用光伏效应或光化学效应直接将光能转换成电能的器件。能产生光伏效应的材料有多种，如单晶硅、多晶硅、非晶硅、砷化镓、硒铟铜等，它们的发电原理基本相

同。目前，以光伏效应为工作原理的太阳能电池处于主流，而以光化学效应为工作原理的太阳能电池处于初步研发阶段，本节主要以硅太阳能电池的工作原理为例，介绍半导体材料光伏效应太阳能电池工作原理。

3.2.1　半导体材料

大家知道，材料由原子构成，原子由原子核和电子组成。按照材料的导电性来分，材料可以分成导体、绝缘体和半导体。半导体材料的导电性介于导体和绝缘体之间，如硅、锗、硒以及大多数金属氧化物和硫化物，这类材料内部存在少量的自由电子，在一定条件下这些材料能导电。

3.2.1.1　本征半导体

不含杂质且无晶格缺陷的纯净半导体称为本征半导体，而大多数情况下，在材料的实际制备过程中，不可避免地会存在杂质，这类半导体材料称为杂质半导体材料，可见，绝对纯净不含杂质的本征半导体材料是很少的，因此，一般来讲，实际应用中，本征半导体材料是指导电性主要由本征激发决定的纯净半导体材料，这些材料包括硅、锗的单晶材料。

绝对零度温度下，半导体的价带是满带状态，导带是空的，这时半导体材料的导电性相当于绝缘体，不导电。但是，在一定温度或者辐射条件下，价电子可以吸收声子或者光子的能量，脱离原子核的束缚跃迁至导带，成为自由电子，此时，导带中就会存在一些电子，而原来被价电子填满的价带就会留出少量的电子空位，称为“空穴”。如图 3-2 所示，硅中的价电子跃迁到导带成为自由电子，而价带中的空位成为空穴。

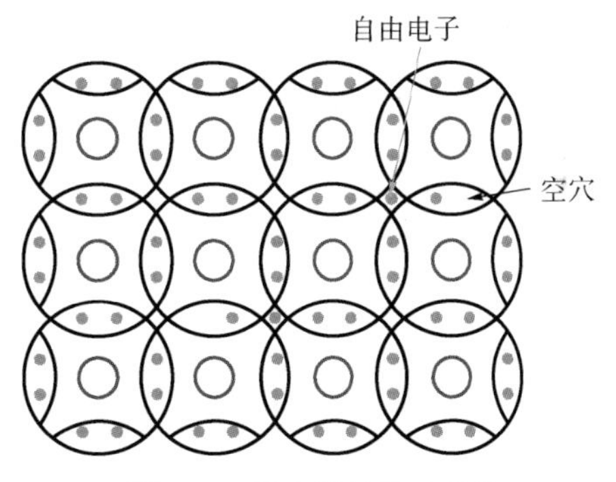

图 3-2　具有断键的硅晶体材料价带和导带

半导体材料中的空穴可以被相邻的电子填充而产生新的空穴。这样，空穴不断被电子填充，又不断产生新的空穴，如此继续下去，类似空穴也在运动一样，只是它的运动方向和电子的运动方向相反，产生导电现象。因此，空穴可以被视为带正电的粒子，它所带的电荷与电子相等，但符号相反，即电性相反。半导体材料中，电子和空穴在电场作用下均可以定向运动，因而形成电流，导电是由电子和空穴运动引起的，这两者统称为载流子。半导体的导电性强弱由材料中形成的载流子浓度和迁移率决定。

3.2.1.2　P 型半导体和 N 型半导体

常温下，本征半导体材料中仅有极少量的电子-空穴对参与导电，而且电子和空穴相遇后会复合形成共价键，因此，本征半导体材料导电性极差。然而，如果在半导体中通过掺杂引入少量的杂质原子，半导体材料的导电性会有较大的提高。在实际的应用中，半导体材料均掺有少量杂质，其内部的电子和空穴数目不等，因此会出现电子和空穴哪一类载流子起主

要导电作用的问题。实际上，半导体中引入的掺杂原子不同，决定半导体材料导电性的多数载流子的种类也不同，根据杂质掺杂的不同，将半导体材料分为两类：P 型半导体和 N 型半导体。

P 型半导体。当半导体中引入的掺杂元素的核外电子少于本征半导体的核外电子时，如在硅或锗的晶体中掺入三价硼原子，半导体材料掺杂后缺少一个价电子而产生一个空位，在电场的作用下，相邻原子中的价电子被激发，电子填补这个空位，同时相邻原子出现一个空位，因此，空穴是该类半导体材料的多数载流子，其迁移是主要的导电方式，该类半导体材料称为 P 型半导体，如图 3-3（a）所示。

N 型半导体。当半导体中引入的掺杂元素的核外电子多于本征半导体的核外电子时，如在硅或锗的晶体中掺入五价磷原子，半导体材料掺杂后多余一个价电子而产生一个电子，这个电子很容易挣脱原子核的束缚而成为自由电子，在该类半导体中，电子是多数载流子，其迁移是主要的导电方式，该类半导体材料称为 N 型半导体，如图 3-3（b）所示。

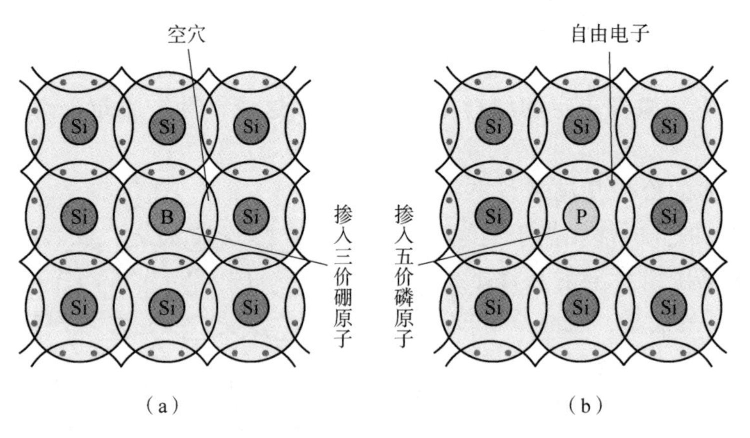

图 3-3　掺入硼或磷原子时硅的结构示意图

（a）P 型半导体；（b）N 型半导体

视频 7　P 型半导体和 N 型半导体

3.2.1.3　PN 结

当在一块 N 型（P 型）Si 半导体的一边掺入三价（五价）的原子后，在这一边就会形成 P 型（N 型）层，其与保持 N 型（P 型）层的 Si 在内建电场的作用下，会形成一个特殊的界面薄层，称为 PN 结，PN 结非常重要，是构成各类半导体器件的基础。PN 结的形成过程如下：两种半导体结合后，电子作为 N 型半导体的多数载流子，空穴浓度较低，而空穴作为 P 型半导体的多数载流子，电子浓度较低，因此，半导体中存在载流子浓度差，引起载流子扩散，电子向 P 型半导体侧扩散，空穴向 N 型半导体侧扩散，使 PN 结界面附近 N 型半导体中的电子浓度逐渐降低，扩散到 P 型半导体中的电子会与空穴复合消失，从而导致 N 型半导体界面附近正电荷的浓度高于电子浓度形成正电荷区域，同样，P 型半导界面附近，空穴向 N 型半导体扩散形成负电荷区域，因此，以上过程就会在界面形成正、负电荷区域，形成耗尽区。载流子的扩散能力越强，空间电荷区域越宽，即耗尽区越宽。图 3-4 为内建电场的形成过程和空间电荷区。

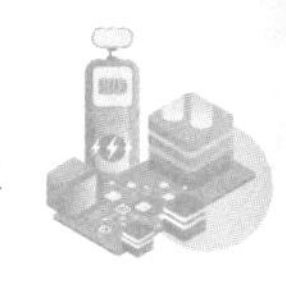

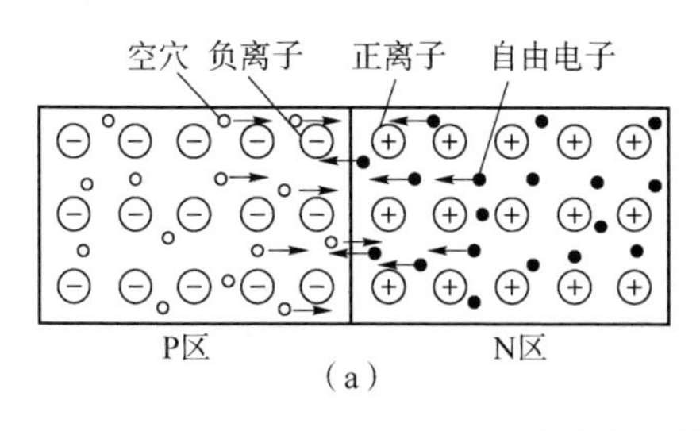

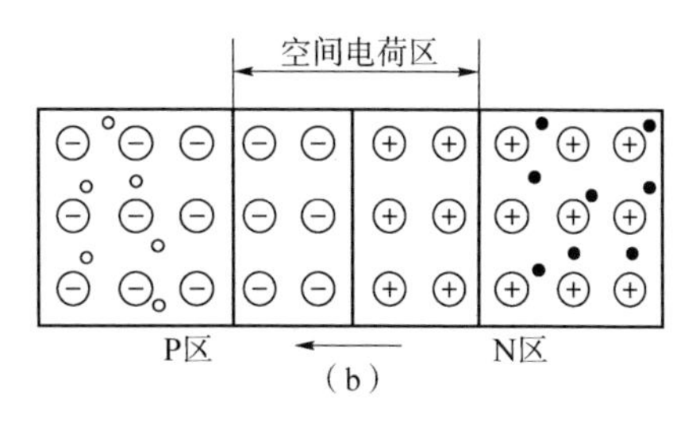

图 3-4　内建电场的形成过程和空间电荷区

(a) 内建电场的形成过程；(b) 空间电荷区

在 N 和 P 型半导体的界面，由于存在内建电场，电子会从 P 区向 N 区漂移，空穴将从 N 区向 P 区漂移，载流子漂移运动的方向正好和扩散运动的方向相反，最终载流子的漂移运动和扩散运动会在 PN 结界面处达到动态平衡，其电势差称作 PN 结势垒，也叫内建电场差或接触电势差。

视频 8　PN 结形成过程

3.2.2　太阳能电池工作原理

太阳能电池是将光能转换成电能的器件，其工作原理多是利用 PN 结的光伏效应，即半导体材料吸收太阳光后，在其势垒区的两边产生电动势的效应。光伏效应理论是太阳能电池实现光电转换的理论基础，如图 3-5 所示。

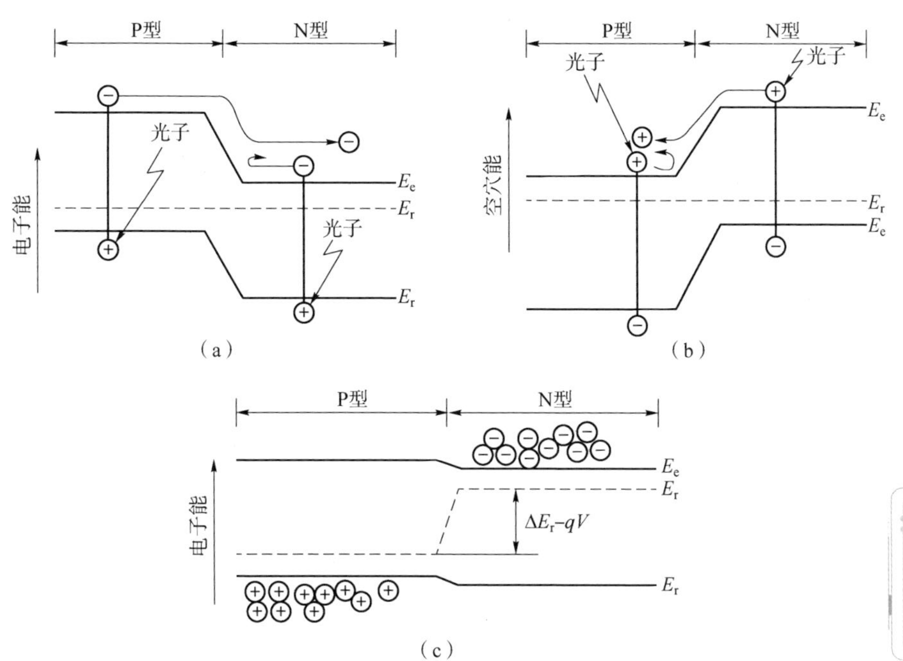

图 3-5　光伏效应示意图

(a) 由日光照射产生的电子运动；(b) 由日光照射产生的空穴运动；

(c) 由日光照射产生的电动势的状态

视频 9　太阳能电池工作原理

当太阳光照射到PN结表面时，光子能量被半导体材料吸收，如果$1/\alpha$（α是半导体材料的吸收系数）大于PN结厚度，被吸收的光子会在PN结区和PN结附近产生光生电子-空穴对，而光生电子-空穴对在PN结内建电场的作用下分离，形成光生载流子（电子和空穴），电子向N区移动，空穴向P区移动，因此，电子在N区聚集，N区的费米能级上升，而空穴在P区聚集，P区的费米能级下降，这样就形成一个与PN结内建电场方向相反的电场，同时PN结两端产生的光生电动势，这就是光生伏特效应，简称光伏效应。如果电路没有负载，太阳能电池处于开路状态，这时PN结两端产生的光生电动势就是太阳能电池的开路电压，如果电路有负载，电路中就会有光电流通过，太阳能电池就将光能转换成了电能，此过程就是太阳能电池的工作原理，如图3-6所示。

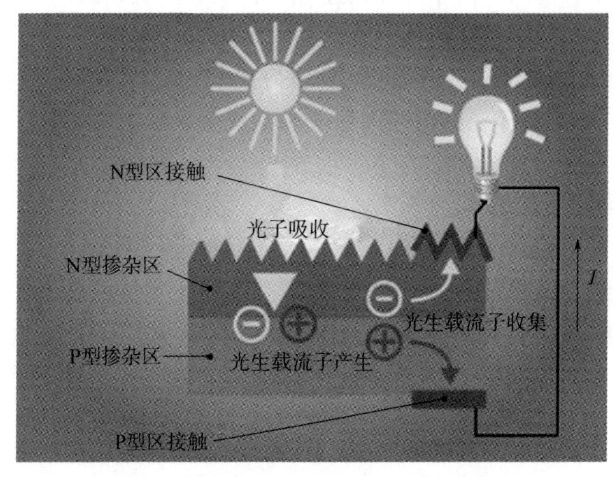

图3-6　太阳能电池的工作原理示意图

3.3　太阳能电池的特性参数

太阳能电池是将光能转换成电能的器件，不仅其工作原理，其性能表征也是太阳能电池相关重要内容，目前，太阳能电池的研究已经取得了较大的进展，其表征技术也发展较快，为了更好地表征太阳能电池的性能，其表征参数主要有开路电压V_{oc}、短路电流I_{sc}、最大输出功率P_{max}、填充因子FF和光电转换效率η等。

3.3.1　标准测试条件

太阳光的光谱分布如图3-7所示。太阳光照射到地球表面时，当通过大气层时，会部分被大气层散射或吸收，导致光强减弱。为了使太阳能电池的测试条件统一标准化，国际上用大气质量（air mass，AM）来描述太阳光强度。若将太阳光入射角α定义为太阳光入射方向与地球表面法线的夹角，则AM可表示为

$$AM = 1/\cos\alpha \tag{3-1}$$

AM1表示$\alpha=0°$，也就是太阳光垂直照射到地球表面的强度，AM0则太阳光的入射角$\alpha=90°$时，太阳光照射到地球表面的强度。其余入射角，太阳光到达地球表面的强度都在

AM0 与 AM1 之间，为了方便表征太阳能电池性能，国际上把 AM1.5（$\alpha=48°$）作为表征太阳能电池性能的标准测试条件，称为一个标准太阳光，辐照强度约为 1 000 W/m。

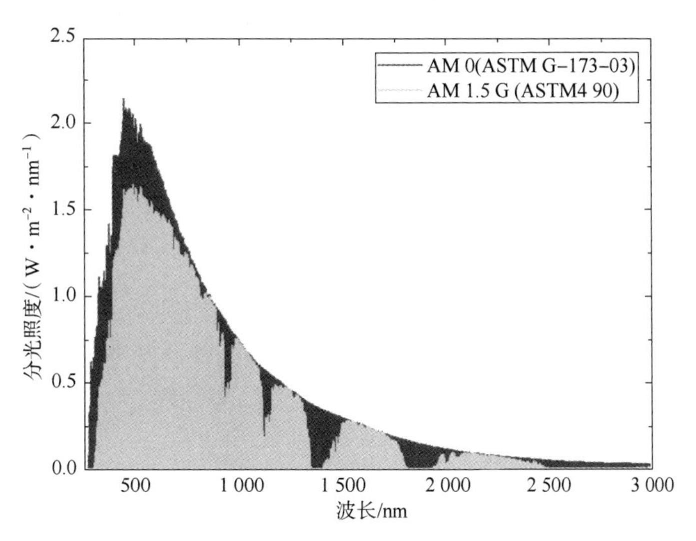

图 3-7　太阳光的光谱分布

3.3.2　太阳能电池的表征参数

图 3-8 为太阳能电池伏安特性示意图，表征了太阳能电池的输入-输出特性，展示太阳能电池将光能转换成电能的能力，是理解太阳能电池性能的基础。当无太阳光时，太阳能电池相当于一个 PN 结，在太阳能电池性能表征方面，将此时太阳能电池电流-电压特性称为暗特性。此时，太阳能电池中会有暗电流产生，也就是 PN 结的扩散电流，其电流-电压特性可以表示为

$$I=I_0\exp[eV/(nkT)-1] \tag{3-2}$$

式中，I_0为反向饱和电流，由 PN 结两端的少数载流子和扩散常量决定；V 为光照射时太阳能电池的端子电压；n 为二极管因子；k 为波尔兹曼常数；T 为热力学温度。

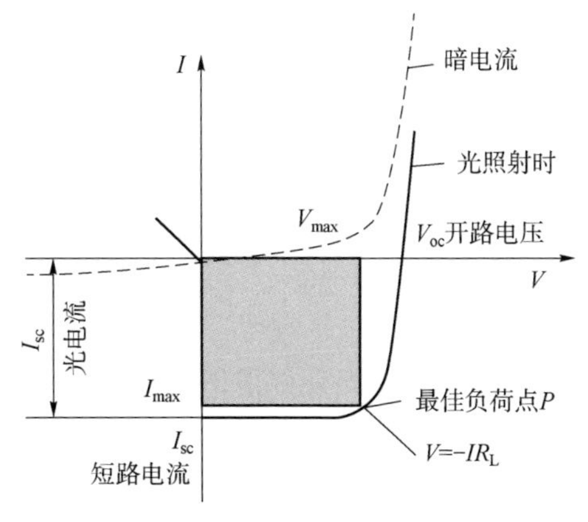

图 3-8　太阳能电池伏安特性示意图

当太阳光照射到太阳能电池上时，根据其工作原理，其会产生光生电子-空穴对，而光生电子-空穴对分离后通过定向迁移，产生光生电动势，在外电路导通的状态下，产生电流，称为光电流，用 I_{sc} 表示。光照射时，太阳能电池电压 V-光电流密度 I_{ph} 的关系如下：

$$I_{ph}=I_0\exp[eV/(nkT)-1]-I_{sc} \tag{3-3}$$

式中，I_{sc} 与入射光的强度有关，外电路没有负载，因此，电路中的光电流相当于太阳能电池短路时的电流，称为短路电流。

实际上，当太阳能电池处于短路时，其对应的电池电压，称为开路电压，用 V_{oc} 表示。太阳能电池开路时，有

$$V_{oc}=nkT/\exp[\ln(I_{sc}/I_0+1)] \tag{3-4}$$

光照下太阳能电池的电流与电压的关系可以简单地用图 3-9 所示的特性来表示。如果用 I 表示电流，用 V 表示电压，绘制的曲线称为 I-V 曲线。从图中可以知道器件的开路电压 V_{oc}、短路电流 I_{sc}、最佳工作电压 V_{op} 和最佳工作电流 I_{op} 等参数。

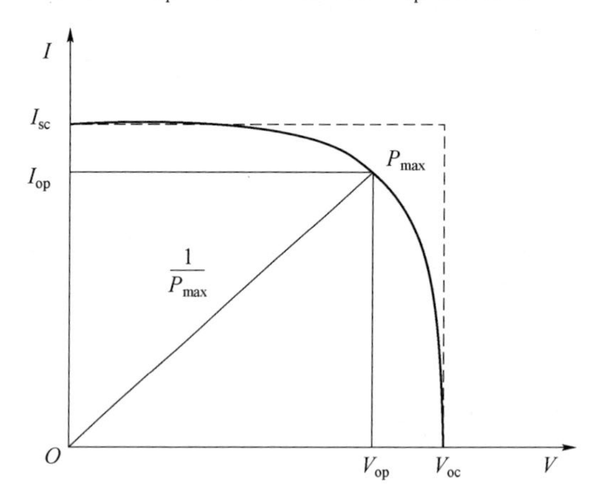

图 3-9　太阳能电池的电流-电压特性

（1）开路电压 V_{oc}。

图 3-9 中横坐标上所示的电压 V_{oc} 称为开路电压，即太阳能电池的正、负极之间未被连接时的状态，即开路时的电压，单位用 V（伏特）表示。用串联的方式可以获得较高的开路电压。

（2）短路电流 I_{sc}。

太阳能电池的正、负极之间短路状态时的电流称为短路电流，用 I_{sc} 表示，单位为 A（安培）。对太阳能电池而言，入射光强不同，短路电流也不同。为了更好表征太阳能电池的性能，有时用短路电流密度来表征其电流-电压特性，也就是太阳能电池单位面积上的电流，称为电流密度，其单位是 A/m 或 mA/cm。

（3）最大输出功率 P_{max}。

当太阳能电池处于最佳的工作状态，即外接最佳负载，此时，太阳能电池的输出功率最大，即在图 3-9 中，矩形的面积最大，即

$$P_{max}=I_{max}\times V_{max}=I_{op}\times V_{op} \tag{3-5}$$

（4）填充因子 FF。

实际太阳能电池的伏安特性曲线偏离矩形，其偏离程度用填充因子 FF 表示，FF 也是太

阳能电池中重要的参数之一，它是实际电流和电压乘积（$I_{max} \times V_{max}$）与短路电流和开路电压乘积（$I_{sc} \times V_{oc}$）的比值，即

$$FF = P_{max}/(I_{sc} \times V_{oc}) = (I_{max} \times V_{max})/(I_{sc} \times V_{oc}) \tag{3-6}$$

FF没有单位，是衡量太阳能电池输出电能能力的物理量，它越大，说明太阳能电池利用太阳光的效率越高。当FF为1时，被视为理想的太阳能电池特性。实际FF的大小与入射光强、材料的禁带宽度、理想系数、串联电阻和并联电阻等因素紧密相关。

（5）光电转换效率 η。

照射在太阳能电池上的光能转换成电能的大小，就是太阳能电池的光电转换效率，是太阳能电池最重要的性能参数。其大小被定义为太阳能电池的最大输出功率与照射到太阳能电池的总辐射能之比，即

$$\eta = \frac{P_{max}}{P_{in}} \times 100\% = \frac{I_{max} \times V_{max}}{P_{in}} \times 100\% \tag{3-7}$$

3.4 典型的太阳能电池

3.4.1 太阳能电池分类

目前，太阳能电池技术迅速发展，研究者已经开发出多种太阳能电池。根据太阳能电池的材料不同，其可以分为硅太阳能电池、多元化合物薄膜太阳能电池、染料敏化太阳能电池、塑料太阳能电池、有机物太阳能电池和钙钛矿太阳能电池等，其中，硅太阳能电池技术发展是最为成熟的，也已经实现了大规模产业化。图3-10为世界太阳能电池市场结构，反映了各类太阳能电池所占市场份额，硅太阳能电池份额具有绝对优势。

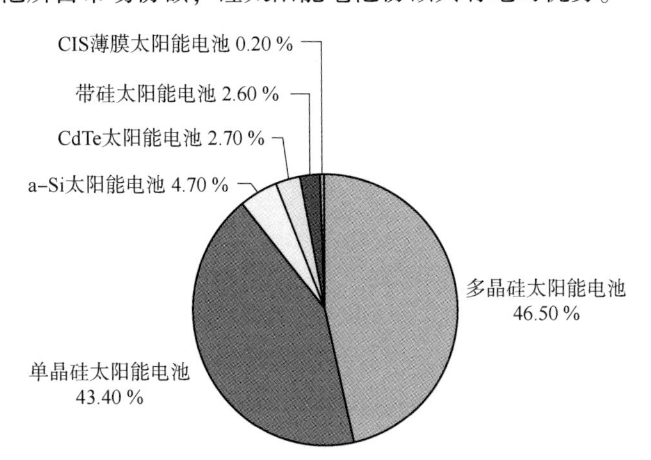

图3-10 世界太阳能电池市场结构（数据来源：世界光伏市场结构太阳能电池行业分析报告）

作为一种重要的新能源器件，太阳能电池对材料有以下要求：①带隙宽度与太阳光谱匹配，最佳范围在1.1~1.7 eV，接近1.4 eV可达到最大光电转换效率；②直接带隙，光吸收系数大；③无毒环保，在地球上储量丰富；④力学性能较好，容易加工；⑤光电转换效率高；⑥耐候性较好，利于其在不同区域应用，寿命长；⑦制备技术不复杂，适合大面积、薄

膜化生产。然而，目前还没有找到一种能同时满足上述要求的材料。普遍认为有发展前途的电池材料主要有三类：晶体硅；薄膜材料，包括a-Si、CIGS 和 CdTe；染料敏化纳米晶。每种材料均有各自的优势，均可能找到各自的市场，将来亦可能存在几种材料同时占主导地位的局面；低成本是取得市场占有份额的关键因素。

3.4.2 硅太阳能电池

目前，硅太阳能电池是发展最为成熟的太阳能电池，它是以硅为基体材料制备的太阳能电池，包括晶体硅太阳能电池（单晶硅太阳能电池、多晶硅太阳能电池）和非晶硅太阳能电池，其整体市场份额约为 90%。实际上，人们从 20 世纪 60 年代就开始发展硅太阳能电池，经过多年发展，硅太阳能电池无论是在制备技术方面，还是在理论方面都已相当成熟，具有光电转换效率高、技术成熟、性能稳定等优势，已经广泛地用于光伏发电。

（1）硅材料制备技术。

硅材料是半导体工业中最重要且应用最广泛的半导体材料，是微电子工业和光伏工业的基础材料，它能满足太阳能电池对材料的基本要求，如化学稳定性好、无环境污染等。在工业上，硅材料是从硅砂中提取出来的，硅砂的主要成分是高纯的二氧化硅，含量一般在99%以上。根据硅材料的结构，可以将其分成单晶硅、多晶硅和非晶硅；而根据制备出硅的纯度可以分成冶金级硅、半导体级硅和太阳能级硅。显然，太阳能电池用硅对其纯度要求还是比较高的。

①冶金级硅。

它的纯度较低，多为高纯度硅的原料，通常是将石英砂放入电弧炉中用碳还原得到硅，其反应式如下：

$$SiO_2+3C \xlongequal{} SiC+2CO\uparrow \text{ 或者 } SiC+SiO \xlongequal{} 2Si+CO\uparrow$$

采用还原法制备出的硅材料一般呈多晶状态，其纯度为 95%~99%，称为金属硅或冶金级硅，大部分被应用于钢铁和铝业上，杂质多为 C、B、P 等非金属杂质和 Fe、Al、Ga 等金属杂质。由于冶金硅含有较多的杂质，它不能直接用于半导体工业，为了得到半导体级硅，还需要将冶金级硅进一步提纯。

②半导体级硅。

半导体级硅要求较高，其纯度一般为 9N 以上，即 99.999 999 9%，这种高质量硅的生产是通过冶金级硅与氯气反应，得到四氯化硅（或三氯化硅），其反应方程式如下：

$$Si+2Cl_2 \xlongequal{} SiCl_4 \text{ 或者 } Si+3HCl \xlongequal{} SiHCl_3+H_2$$

然后经过精馏，使四氯化硅（或三氯化硅）的纯度提高，再通过氢气还原成多晶硅，其反应式如下：

$$SiCl_4+2H_2 \xlongequal{} Si+4HCl \text{ 或者 } SiHCl_3+H_2 \xlongequal{} Si+3HCl$$

③太阳能级硅。

太阳能级硅的纯度通常在 4N~6N，在冶金级硅和半导体级硅之间。早期的太阳能电池主要使用熔体直拉法生长的单晶硅，但由于市场需求，越来越多的公司投入大型多晶硅生产。目前，太阳能级多晶硅主要采用改良西门子法提纯制备，其工艺流程如图 3-11 所示，该方法

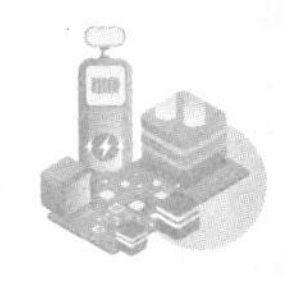

主要是利用冶金级硅和 HCl 反应生成 $SiHCl_3$，然后提纯分离 $SiHCl_3$，多次蒸馏 $SiHCl_3$ 以提高其纯度，纯度达标后，采用 H_2 还原 $SiHCl_3$，制备高纯多晶硅，其反应过程如下：

$$SiHCl_3+H_2 = Si+3HCl \text{ 或者 } 2SiHCl_3 = Si+2HCl+SiCl_4$$

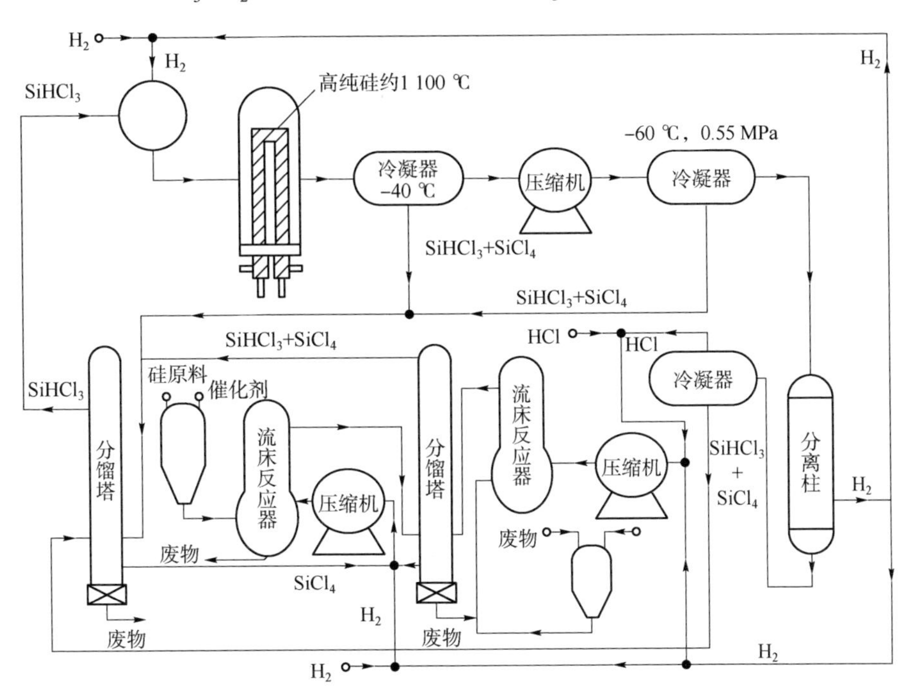

图 3-11　改良西门子法的工艺流程

（2）单晶硅太阳能电池和多晶硅太阳能电池。

目前，晶体硅太阳能电池主要有单晶硅太阳能电池和多晶硅太阳能电池。

单晶硅太阳能电池主要是由纯度较高的单晶硅制造的，是目前最为成熟的太阳能电池技术，实验室光电转换效率已经达到了 25.6%，已商业化的单晶硅太阳能电池的光电转换效率也达到了 15%~20%，其主要用于航天航空领域、光伏电站、充电系统、道路照明等。单晶硅太阳能电池具有光电转换效率高、寿命长、稳定性好等优势，但其制造成本高，制造时间较长。

多晶硅太阳能电池所采用的晶体硅材料一般由大量尺寸较小且生长方向各异的晶粒组成，其内部存在大量的晶界和较多的缺陷，导致电子传输性能不高，且光电转换效率没有单晶硅太阳能电池高，一般为 15%左右。与单晶硅太阳能电池相比，多晶硅太阳能电池材料制备方法更为简单，耗能少，可连续生产，电池也没有明显的效率衰退问题。目前，多晶硅太阳能电池技术发展也较快，其产量已经超过单晶硅太阳能电池。

下面简要介绍硅太阳能电池结构及其制备工艺。

3.4.2.1　晶体硅太阳能电池

1. 晶体硅太阳能电池结构

晶体硅太阳能电池是以 PN 结为基础的光电器件，主要结构包括衬底、PN 结、支构面、防反射层和电极等，如图 3-12 所示。

（1）衬底：衬底承载整个太阳能电池器件，硅太阳能电池的衬底一般是硅半导体材料。

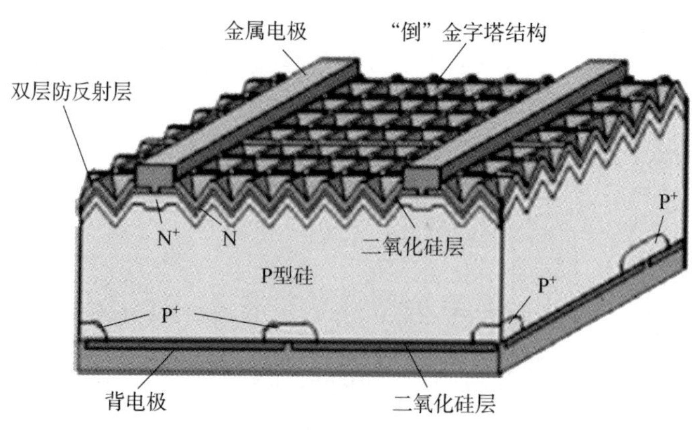

图 3-12　晶体硅太阳能电池结构示意图

（2）PN 结：PN 结是硅太阳能电池的核心部分。在太阳光的照射下，PN 结产生光生电子-空穴对，而光生电子-空穴对的分离是依靠 PN 结的内建电场完成的，故 PN 结特性与太阳能电池的性能有很大关系，是调控电子和空穴浓度的关键，是太阳能电池器件设计的重要参数。

（3）支构面：太阳能电池结构中的支构面利用光的散射与多重反射，增加太阳光在表面的传播路径，提高光的吸收系数，更加充分地利用太阳光，从而提高太阳能电池的光电转换效率。在硅太阳能电池中，通常通过腐蚀硅表面，形成（111）面微小四面体金字塔，从而形成支构面。

（4）防反射层：防反射层能减少入射可见光的反射，在太阳能电池中通常在空气与硅表面之间置入一个具有特定折射率的介电层，即在硅材料的表面制备一层具有特定折射率的防反射层，减少太阳光因反射造成的光强损失，提高太阳光的利用率。

（5）电极：在太阳能电池中，电极的作用是促进表面电子/空穴的传输，即取出已经到达表面的载流子，使其移动至负载，形成外部电路。因此，电极材料的导电性要好，能与硅材料形成欧姆接触。

Xiao 等在硅太阳能电池中引入石墨烯-碳纳米管/硅异质结来提升太阳能电池的光电转换效率，他们制备了纳米碳材料与单晶硅的异质结，并系统地分析了太阳能电池的光电特性。研究表明，石墨烯-碳纳米管/硅异质结太阳能电池有较高的光电转换效率、开路电压和填充因子，石墨烯-碳纳米管之间的协同效应改善了太阳能电池的光电性能。Mallick 等人将光子晶体引入硅薄膜太阳能电池的结构中，光子晶体优化了太阳能电池的光吸收结构。研究结果表明，光子晶体增加了太阳能电池的光吸收，特别是对长波长光的吸收，他们的研究为优化太阳能电池光吸收结构提供了重要的技术途径。Yamamoto 等人报道了高光电转换效率的异质结晶体硅太阳能电池，其光电转换效率达 26.7%。

多晶硅材料拥有较多的晶界，缺陷对多晶硅太阳能电池的光电性能影响较大，因此控制多晶硅材料中的晶界是非常重要的。Lan 等人系统介绍了多晶硅材料的晶界控制问题，在多晶硅太阳能电池中，晶粒越大，制备成太阳能电池后其光电转换效率越高，因此，可以在多晶硅材料的制备过程中，优化工艺参数，减少缺陷和亚晶界等，尽可能使多晶硅的晶粒增大，也可以采取后续热处理、再结晶等方法使晶粒增大。此外，为了更好地控制多晶硅材料的生长，也可以采用种晶技术来提高多晶硅材料的生长质量，进而提高多晶硅太阳能电

池的光电转换效率。Kim等报道了450 kg的太阳能电池用多晶硅锭，他们发现生长过程中产生的杂质浓度从硅锭的中心到边沿是逐渐增加的，系统地分析多晶硅的结构缺陷与多晶硅太阳能电池的光电转换之间的关系，结果表明，太阳能电池的光电转换效率受多晶硅中的少数载流子寿命影响较大，在标准模拟太阳光照射下，多晶硅太阳能电池的光电转换效率为14.65%。

2. 晶体硅太阳能电池的制备工艺

晶体硅太阳能电池的制备工艺主要包括以下步骤：

（1）硅片切割，材料准备。

工业制作硅电池所用的晶硅棒或硅锭，原始的形状为圆柱形，为了制备晶体硅太阳能电池，需要利用切片机或激光切片机将其切割成0.4~0.44 mm的薄片。常用的地面用晶体硅太阳能电池为直径100 mm的圆片或100 mm×100 mm的方片，目前也有15 mm×15 mm或150 mm×150 mm的方片，电阻率为0.5~3 Ω·cm。

（2）硅片的表面制备。

硅片切割完成后，在制PN结前，硅片在切割过程中会产生大量的表面杂质和切割损伤，会对太阳能电池的性能产生较大的负面影响，需要对其进行表面处理，改善表面的性能。因此，硅材料的表面需要经过化学清洗和表面腐蚀。化学清洗是为了除去玷污在硅片上的油脂、金属、各种无机化合物或尘埃等杂质。用热浓硫酸去除残留的有机物和无机物杂质，然后用热王水或碱性过氧化氢清洗液、酸性过氧化氢清洗液对硅材料的表面彻底清洗和腐蚀，最后用去离子水将表面漂洗干净。表面腐蚀的目的是除去硅片表面切割损伤，暴露晶格完整的硅表面，从而获得符合太阳能电池技术要求的硅材料表面。

（3）制绒。

把相对光滑的硅材料表面通过化学腐蚀，使其表面凸凹不平，形成粗糙的表面，对太阳光形成漫反射，从而提高对太阳光的利用率。对于单晶硅太阳能电池，一般采用NaOH加醇的方法腐蚀其表面，在表面形成金字塔结构；而对于多晶硅太阳能电池，主要通过机械刻槽、激光刻槽、等离子刻蚀等技术，在其表面制造绒面，以满足制造太阳能电池的技术要求。

（4）扩散制结。

这个工艺步骤是最重要的步骤，就是利用扩散现象在半导体中引入杂质原子，用以改变某一区域的硅表层内的杂质类型，从而形成PN结。扩散制结方法有热扩散、离子注入、外延、激光或高频注入以及在半导体上形成表面异质结势垒等方法。硅太阳能电池所用的主要扩散方法有气相扩散法和涂覆扩散法等。

（5）去背结、边缘刻蚀。

去背结和边缘刻蚀常用的方法有化学腐蚀法、磨片（或喷砂）法和蒸铝烧结法。采用哪种方法，根据制作电极的方法和程序而定。采用化学腐蚀法可以除去背结和周边的扩散层，省去制作电极后腐蚀周边的工序。周边存在任何微小的局部短路都会使电池并联电阻下降，以致成为废品，因此需要对周边进行刻蚀，消除太阳能电池潜在的短路。目前，主要采用等离子干法腐蚀对周边进行腐蚀，从而去除含有扩散层的周边。

（6）丝网印刷上下电极。

晶体硅太阳能电池电极就是与电池PN结两端形成紧密欧姆接触的导电材料，它决定着

发射区的结构和电池被金属覆盖的面积，对太阳能电池的性能有较大的影响。因此，电极制备是一个非常重要的步骤，在目前太阳能电池制备过程中，普遍采用丝网印刷技术制备电极，用于形成正负电极引线。

（7）沉积防反射层。

沉积防反射层的目的在于减少表面反射，增加折射率，提高电池的光电转换效率。防反射层的制备方法主要分为物理镀膜（真空蒸镀）和化学镀膜两类。真空蒸镀法是一种物理气相沉积技术，是在真空环境中将材料蒸镀在硅表面，形成防反射层。用于防反射层制备的化学镀膜法主要有化学气相沉积和机械沉积技术。化学气相沉积技术可以在硅表面直接形成所需的防反射层，机械沉积技术则是先在硅表面用旋涂、喷涂、印刷和浸渍等方法形成一层有机物的液态膜，然后用化学方法令其转化成固态的防反射层。

（8）共烧形成金属接触层。

为了使丝网印刷的电极与硅材料形成良好的欧姆接触，需要将丝网印刷的电极进行一次烧结，在晶体晶太阳能电池的制备工艺中，通常采用链式烧结炉进行快速烧结。

（9）电池片测试。

这个步骤主要是对制造的太阳能电池进行性能表征，判定其性能优劣、分档，也是太阳能电池制造工艺的最后一个步骤。

3.4.2.2 非晶硅太阳能电池

1. 非晶硅太阳能电池结构

非晶硅（a-Si）太阳能电池技术起步比较晚，20 世纪 70 年代才发展起来。与晶体硅太阳能电池相比，非晶硅太阳能电池最大的特点是生产成本低。此外，该类太阳能电池还具有制备工艺简单、耗材低、重量轻、容易大面积连续生产等优点，因而具有很大的发展潜力。目前大面积非晶硅太阳能电池的光电转换效率一般在 5%～10%，已经被应用于电子消费产品、通信、照明、户用电源、光伏灌溉及中小型并网发电等领域。图 3-13 为非晶硅太阳能电池的基本结构示意图。

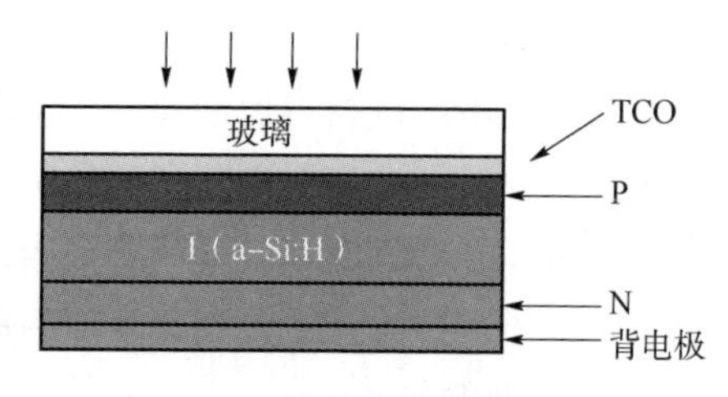

图 3-13　非晶硅太阳能电池的基本结构示意图

非晶硅材料的结构时常呈无序性、无规则网络，当太阳光照射到非晶硅的表面时，会有较强的散射作用，光生载流子的扩散路程较短，较容易复合，不易被收集，为了解决这个难题，使光生载流子能够被有效地收集，需要在非晶硅太阳能电池中，使光照的区域尽量布满电场。研究者将非晶硅太阳能电池结构中设计成 PIN 型（P 层为入射面），Ⅰ层为本征吸收层，处在 P 层和 N 层产生的内建电场中。非晶硅太阳能电池的衬底一般为玻璃、不锈钢及特种塑料，其结构中还包括透明氧化物薄膜层（TCO 层）、非晶硅薄膜层（PIN 层）、背电极金属薄膜层。

Fang 等人报道了以非晶 SiO_2 薄膜作为缓冲层的氢化非晶硅薄膜太阳能电池，非晶 SiO_2 薄膜氢化能提高缓冲层质量的原因，主要在于缓冲层中形成了 Si—H_x 键。研究结果表明，在非晶硅太阳能电池结构中引入非晶 SiO_2 薄膜缓冲层，能有效地提高太阳能电池的填充因

子和光电转换效率，并使其光电转换效率达到 11.3%。Sritharathikhun 等人系统研究了氢化非晶 SiO_2 薄膜在非晶硅锗薄膜太阳能电池中的作用，证明了非晶 SiO_2 薄膜作为单结太阳能电池的缓冲层，显著地提高了非晶硅锗薄膜的质量，提高了太阳能电池的性能，缓冲层对太阳能电池光电性能影响程度取决于缓冲层的厚度和薄膜质量，因此需要优化缓冲层的制备工艺，提高其薄膜质量。他们的研究结果表明，非晶硅锗薄膜太阳能电池的光电转换效率为 9.73%，开路电压为 0.8 V，填充因子为 0.69。

为了改善非晶硅太阳能电池的光电转换效率，研究者在非晶硅太阳能电池中设计了特殊材料结构。Go 等人采用介孔 ZnO 模板法制备非晶硅材料，然后将其组装成太阳能电池。介孔 ZnO 材料的引入优化了非晶硅太阳能电池对光子捕获的方式，使其光电转换效率提高到 26.6%，该研究结果为提高非晶硅太阳能电池的光电性能提供了有效的技术途径。

2. 非晶硅太阳能电池的制备工艺

非晶硅太阳能电池的工艺流程主要包括：清洗并烘干玻璃衬底→生长 TCO 膜→激光切割 TCO 膜→一次生长 PIN 非晶硅薄膜→激光切割非晶硅薄膜→蒸发或溅射 Al 电极→激光切割 Al 电极或掩膜蒸发 Al 电极。

在非晶硅太阳能电池中，透明氧化物薄膜（TCO 膜）的种类有铟锡氧化物（ITO）、二氧化锡（SnO_2）和氧化锌（ZnO）。非晶硅薄膜材料采用等离子体化学气相沉积法制备。将石英容器抽成真空，充入氢气或氩气稀释硅烷，然后给气体施加电场，使其产生辉光放电，产生包含带电粒子、中性粒子、活性基团和电子等的等离子体，然后它们在带有 TCO 膜的玻璃衬底表面发生化学反应，生长成 a-Si:H 膜。对于不锈钢衬底型电池，则采用 PIN 结构，即在不锈钢衬底上依次沉积 PIN 层，然后生长 ITO 膜，最后做梳状 Ag 电极。为了提高非晶硅太阳能电池的光电转换效率，通常将非晶硅太阳能电池做成多结结构，即在其结构中，再引入一个或多个 PIN，形成多结太阳能电池结构。目前常规的叠层电池结构为 a-Si/a-SiGe、a-Si/a-Si/a-SiGe、a-Si/a-SiGe/a-SiGe、a-SiC/a-Si/a-SiGe 等。

Xu 等人制备了 a-Si/a-Si/a-SiGe 三结太阳能电池，并系统地研究了其光电性能。他们发现在非晶硅多结太阳能电池中，界面间的电流匹配性非常重要，对光电性能影响较大，在界面间的电子空穴复合主要由少数载流子的浓度决定。为了提高太阳能电池的光电性能，他们设计了 N-a-Si:H 层作为缓冲，有效地提高了太阳能电池界面光电性能，提升了三结太阳能电池的填充因子、开路电压和光电转换效率。a-Si/a-Si/a-SiGe 三结太阳能电池光电转换效率为 11.5%，开路电压为 2.48 V，填充因子为 0.70。Liu 等研究了 a-SiGe:H 太阳能电池及其三结太阳能电池中的应用，其三结太阳能电池的光电转换效率为 12.97%，开路电压为 1.934 V，填充因子为 0.61。

3.4.3 多元化合物薄膜太阳能电池

为了寻求更加经济适用且具有更大发展空间的太阳能电池器件，研究者对多元化合物薄膜太阳能电池越来越关注。制造这类太阳能电池的材料一般是无机盐化合物，主要包括砷化镓、硫化镉、碲化镉及铜铟硒薄膜电池等。

3.4.3.1 砷化镓（GaAs）太阳能电池

砷化镓是一种典型的Ⅲ-Ⅴ族化合物，它的带隙为1.43 eV，光吸收效率高，是一种理想的太阳能电池材料之一。目前，砷化镓太阳能电池的光电转换效率可达8%以上，若采用多结的砷化镓电池，其理论光电转换效率超过50%。目前，砷化镓太阳能电池已经被广泛地应用于空间电源领域，已超过了90%。

砷化镓是一种非常重要的太阳能电池化合物，常用的有单结砷化镓太阳能电池GaAs/GaAs和GaAs/Ge电池。图3-14为典型的GaAs异质结太阳能电池结构（a）和$J-V$曲线（b），其光电转换效率高达22.78%。

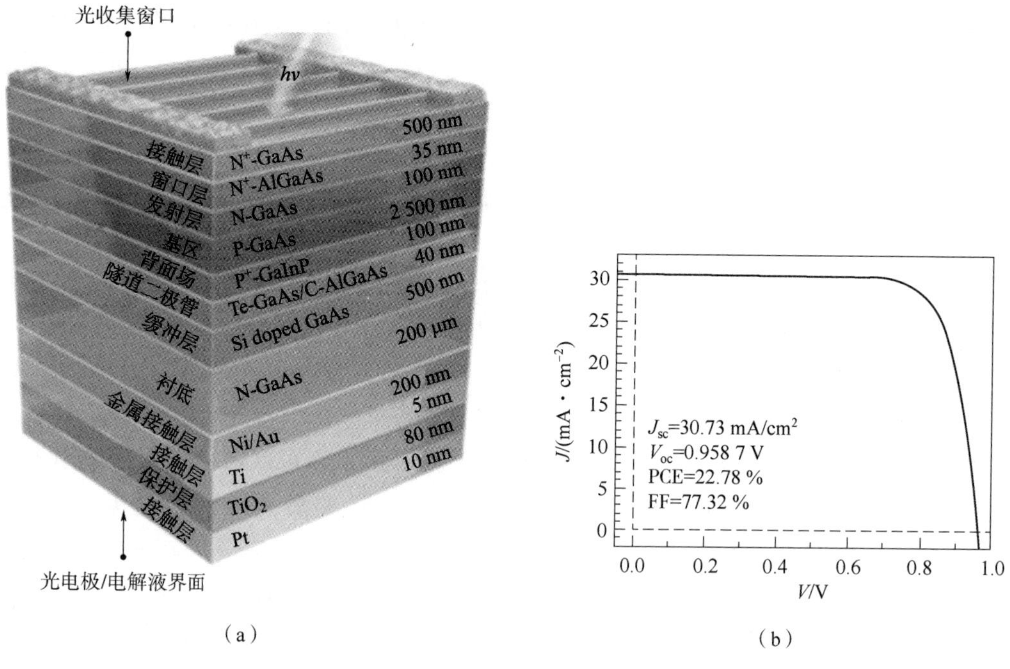

（a）　　（b）

图3-14　典型的GaAs异质结太阳能电池结构和$J-V$曲线

（a）典型的GaAs异质结太阳能电池结构；（b）$J-V$曲线

Lee等报道了超薄GaAs薄膜太阳能电池，为了更好地吸收太阳光，他们在电池结构中把TiO_2直接沉积在GaAs的表面作为防反射层，将其构筑在柔性基体上，其光电转换效率为16.2%，而且表现良好的弯曲光电性能。将GaAs材料做成薄膜，可以大幅地降低GaAs太阳能电池的成本，该研究促进了GaAs太阳能电池成本的降低，有利于拓宽GaAs太阳能电池的应用领域。

Han等报道了多层GaAs纳米线太阳能电池，通过控制GaAs纳米线的结晶方向，调控太阳能电池的光伏特性。他们在两步化学气相沉积中，优化GaAs纳米线生长的催化剂厚度和成核、生长的温度等参数，调控GaAs纳米线的结晶方向，然后组装成GaAs纳米线太阳能电池。其研究结果得出，使用（111）GaAs纳米线构筑的太阳能电池开路电压高于（110）GaAs纳米线太阳能电池，表明优化材料的生长方向也是提高GaAs太阳能电池光电性能的方法之一。

Sablon等人将量子点引入GaAs太阳能电池，显著改善了太阳能电池的光电性能，使太

阳能电池的光电转换效率由9.3%提升到14%。性能提升是由于量子点材料内置电荷增强了电子带间量子跃迁，缓解了材料中的快速电子捕获复合，增大了太阳能电池的开路电压。

GaAs材料的禁带宽度较为单一，只能吸收特定光谱的太阳光，导致不能充分利用太阳光，通过多结太阳能电池的设计可以进一步提高光电转换效率。研究者通过能带工程，根据太阳光谱特征，将不同禁带宽度的Ⅲ-Ⅴ族化合物材料设计成多结太阳能电池，将禁带宽度不同的材料叠合在一起，选择性地吸收太阳光中不同波段的光，这样就可以充分利用太阳光谱，大幅地提高光电转换效率。图3-15为多结太阳能电池的光谱吸收原理。

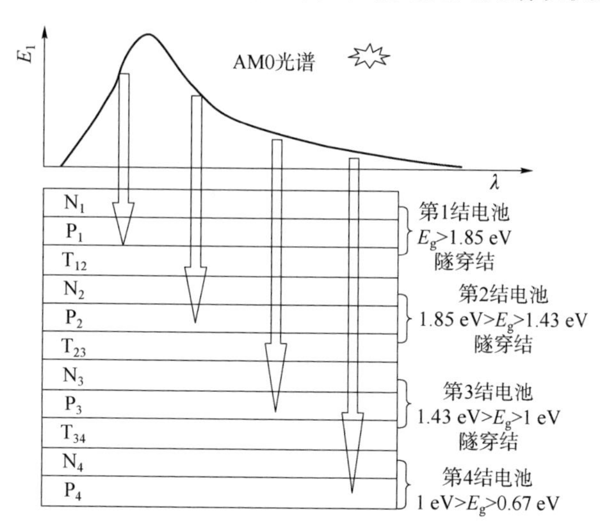

图3-15 多结太阳能电池的光谱吸收原理

目前，多结GaAs太阳能电池主要以三结为主，国际上空间站用三结GaAs太阳能电池产品的实验室光电转换效率约为32%，地面用三结GaAs太阳能电池的实验室光电转换效率高达40.7%。显然，通过多结太阳能电池结构的设计，大幅地提高了电池的光电转换效率。

3.4.3.2 化合物半导体太阳能电池结构设计

1. 单结太阳能电池结构设计

对于单结太阳能电池的设计，一般选择带隙大小在太阳光谱中间的材料，以获得较高的光电转换效率，根据太阳光谱的特征，单结太阳能电池材料的带隙在1.4~1.5 eV比较合适，可以充分地吸收太阳光。

2. 多结太阳能电池的设计

多结太阳能电池是在基板上沉积多种薄膜材料，使电池更好地吸收太阳光。在设计多结太阳能电池时，要注意以下关键技术问题：

（1）材料带隙的选择。

为了使太阳能电池充分利用太阳光，一般将太阳能电池结构中的半导体材料设计成多个带隙，与太阳光谱匹配，可大幅地提高太阳能电池的光电转换效率，因此，半导体材料的多个带隙的选择是首先要设计的。实际上，为了更多地吸收和利用太阳光，在上层的半导体材料应该具有较大的带隙，越下层的材料应该具有越小的带隙，这样才能有利于半导体材料对太阳光的吸收。在制备多结太阳能电池时，通常需要通过能带工程来调节材料的带隙。

(2) 晶格参数。

多结太阳能电池是在同一基板上，沉积多层半导体薄膜材料来制备太阳能电池。为了获得最大的光电流，要求层状材料之间的晶格参数匹配得较好。若层状材料之间的晶格参数匹配得不好，会导致晶体产生缺陷，而缺陷有利于光生载流子复合，降低光电转换效率。根据研究，若层与层之间材料的晶格参数相差 0.01%，太阳能电池的光电转换效率就会明显受到影响。因此，当设计多结太阳能电池时，半导体材料的晶格参数匹配是非常重要的。

(3) 电流匹配性。

多结太阳能电池的各个 PN 结是串联结合，当使用时，电流从顶端流向底端，穿过整个电池，因此，各个结所允许穿过的电流大小会影响整个电池的通过电流。显然，多结太阳能电池的输出电流是由通过结面最小电流决定的。要获得较大的输出电流，需要在设计多结太阳能电池时，使各个结面通过的电流相同，且使其最大，这取决于大于材料带隙入射光子的数目和材料对光子的吸收系数。因此，设计多结太阳能电池时，需要注意各个结面的电流匹配性。

(4) 薄膜的厚度。

多结太阳能电池薄膜的厚度也是影响其性能的因素。不同的材料对太阳光具有不同响应程度，对于太阳光响应强的材料，即当太阳光照射到材料上时，可产生大量的光子，这种材料薄膜要薄一些，而对太阳光响应不是特别强的材料，薄膜需要做得厚一些。例如，Ge 材料对光的吸收系数比较低，薄膜需要做得厚一些，一般为 150 μm。图 3-16 为典型的多结太阳能电池的结构示意图。

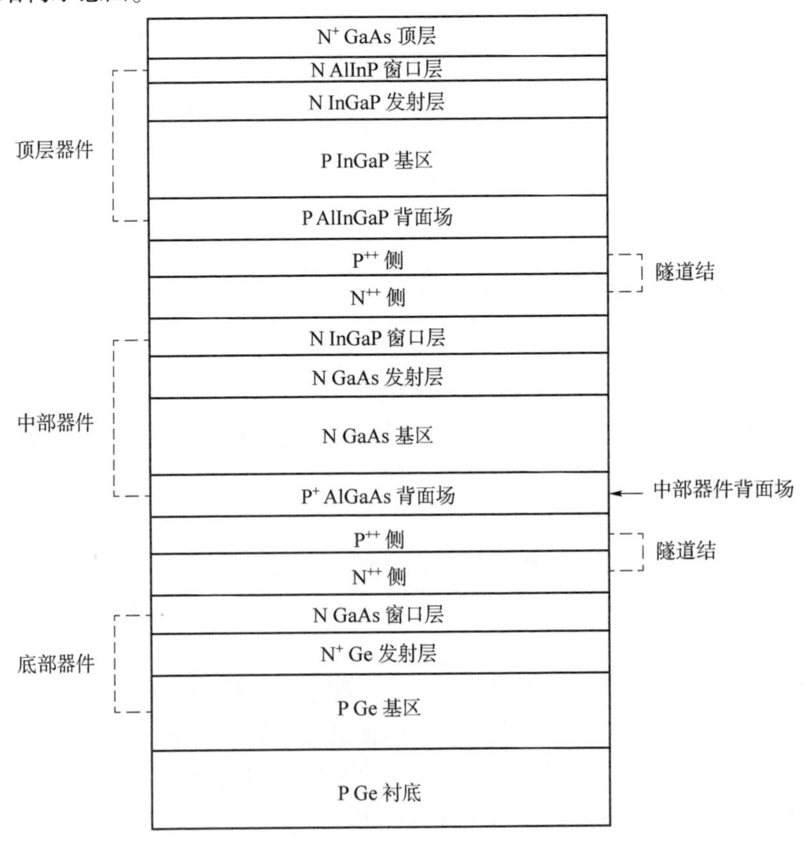

图 3-16 典型的多结太阳能电池的结构示意图

Oh 等人为了减少 InGaP/GaAs/InGaAsP/InGaAs 多结太阳能电池的光反射，在多结太阳能电池上镀了宽带半导体材料薄膜作为防反射膜。他们采用斜角沉积技术在 InGaP/GaAs/InGaAsP/InGaAs 上制备 TiO_2 和 ZnS 薄膜，这些薄膜材料降低了太阳光的反射，实验中，InGaP/GaAs/InGaAsP/InGaAs 对太阳光的反射率仅为 2.14%，增加了多结太阳能对太阳光的吸收，改善了太阳能电池的光电性能。Hrachowina 等人报道了 InGaP/InP/InAsP 纳米棒多结太阳能电池，其结构如图 3-17 所示。他们根据太阳光谱，在纳米线上构筑了三结太阳能电池，优化了太阳能电池对光的吸收，开路电压为 2.37 V。

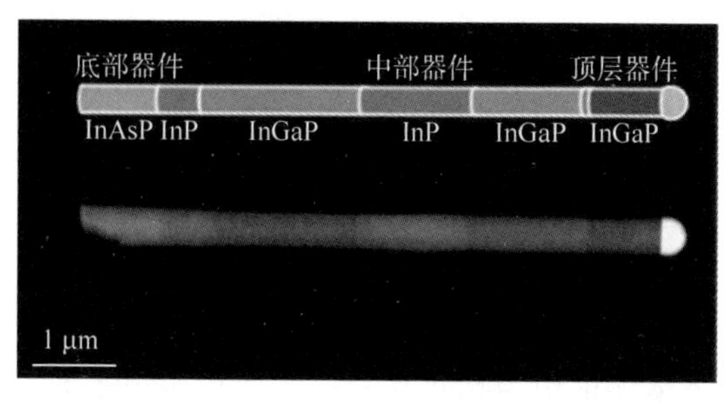

图 3-17　InGaP/InP/InAsP 纳米棒多结太阳能电池

Dai 等人采用 MBE 技术制备了 InGaP/GaAs/InGaAsP/InGaAs 多结太阳能电池，并研究了材料之间的界面。结果表明，当温度较低时，有利于 InP 材料的生长，而生长温度较高，有利于 InGaP 和 InGaAsP 材料的载硫子寿命延长。各结太阳能电池的电流匹配性对整个多结太阳能电池的光电性能影响较大，优化材料的生长工艺，有利于改善各结之间的电流匹配性。此外，优化各个层状材料的厚度可以使多结太阳能电池的热阻和内电阻降低。在优化工艺的条件下，InGaP/GaAs/InGaAsP/InGaAs 太阳能电池的光电转换效率达 42%。

Schimper 等人采用金属有机化学气相沉积技术研究了多结太阳能电池。他们将 GaAsSb 和 InAlGaAs 生长在 InP 材料上，界面处的晶格参数匹配较好，作为太阳能电池新的太阳光吸收层，明显地提高了对太阳光的吸收，提高了多结太阳能电池的光电转换效率，调控 GaAsSb 和 InAlGaAs 材料的能带宽度对太阳能电池非常关键。

3.4.3.3　Ⅱ-Ⅵ族化合物太阳能电池

Ⅱ-Ⅵ族化合物半导体材料主要有硫化镉（CdS）、碲化镉（CdTe）、磷化锌（Zn_3P）等。CdS 是一种带隙为 1.4 eV 的半导体材料，电导率和光的通透性都比较好，可以用作异质结太阳能电池中 N 型窗口层材料。当采用 CdS 作为窗口层材料，CdTe 和 CuInSe 作为吸收层时，太阳能电池的光电转换效率较高，目前这类太阳能电池的研究比较受关注。

CdTe 的带隙为 1.47 eV，处于太阳光的中间波段，是一种理想的光电转换材料。将 CdS 作为窗口层材料，制备 CdS/CdTe 薄膜太阳能电池，其具有良好的光电转换效率；也适合设计成叠层太阳能电池，较大幅地提高太阳能电池的光电转换效率。这类电池具有晶格失配度小、热膨胀失配率低等优点。近年来，研究者将纳米材料引入 CdS/CdTe 薄膜太阳能电池结构中，有效地提高了其光电转换效率。图 3-18 为 CdS/CdTe 太阳能电池的结构示意图。

Kranz 等人研究了掺杂多晶 CdTe 材料对 CdS/CdTe 太阳能电池光电性能的影响。在制备 CdTe 材料的过程中，他们通过热蒸发使 Cu 掺杂到多晶 CdTe 材料中。准确控制 Cu 掺杂量，

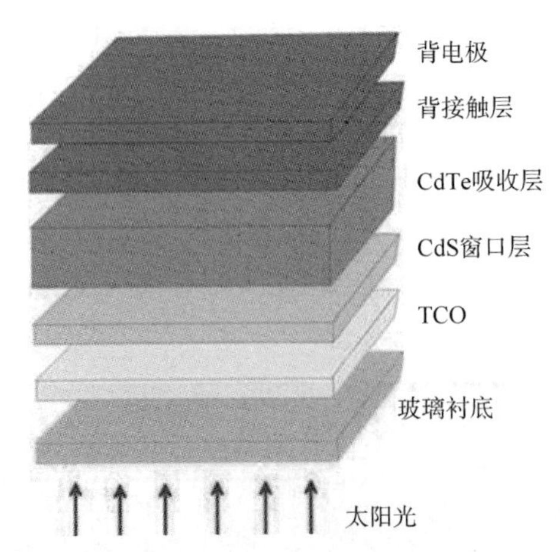

图 3-18　CdS/CdTe 太阳能电池的结构示意图

可以减少空穴的浓度，优化载流子的寿命，有利于 CdS/CdTe 太阳能电池中载流子收集，提高开路电压。当 CdS/CdTe 太阳能电池构筑在柔性金属铂基体上时，它也表现较好的弯曲性能，其光电转换效率达 13.6%，该类电池在柔性金属基体上光电转换效率首次高于 10%，表现良好的应用前景。

为了提高太阳能电池的光电性能，Major 等研究了氯化处理方法对 CdTe 材料的影响。研究结果表明，氯化处理能调控 CdTe 材料的晶界，优化氯化处理工艺还能提高 CdTe 材料结晶质量，增加载流子的寿命，提高填充因子和短路电流。因此，采用氯化处理可以显著提升 CdTe 太阳能电池光电性能。Raadik 等人研究了 CdS/CdTe 异质结太阳能电池与温度的关系，讨论了在 $T=100\sim300$ K 时太阳能电池的光电性质，结果表明，半导体的禁带宽度明显受温度的影响，进而影响太阳能电池对太阳光的吸收和光电转换效率。

3.4.3.4　多元系化合物太阳能电池

以多元系化合物铜铟硒（CuInSe，CIS）或铜铟镓硒（CuInGaSe，CIGS）为吸收层的薄膜太阳能电池具有光吸收率高、带隙可调、成本低、工艺简单和性能稳定等优点，也是目前比较受关注的太阳能电池。

在 CIGS 太阳能电池结构中，CIGS 为光吸收层，其基本结构为玻璃/Mo/CIGS/CdS/ZnO/ZnO∶Al，如图 3-19 所示。其中，衬底一般采用玻璃衬底，也可采用柔性衬底，Mo 薄膜层作为背电极，CIGS 为光吸收层，CdS 为缓冲层，ZnO 为窗口层。

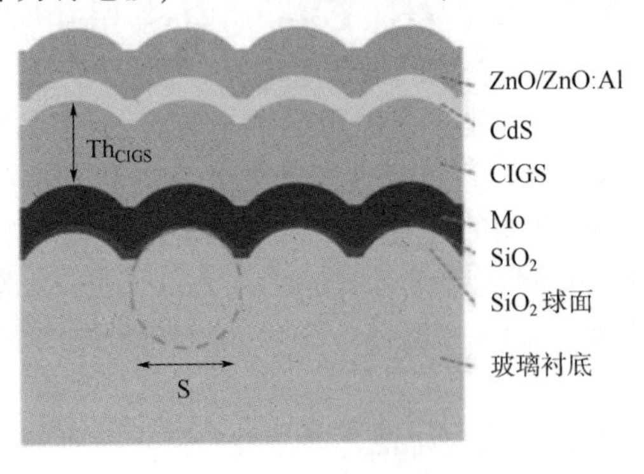

图 3-19　CIGS 太阳能电池结构示意图

Grenet 等人研究了共蒸发过程与 CIGS 太阳能电池光电性能的关系。他们采用不同的共蒸发工艺制备了 CIGS 材料，系统地研究了薄膜的厚度、共蒸发过程对太阳能电池光电性能的影响。结果表明，一个过程比多个过程共蒸发制备的 CIGS 材料更加均匀，且制备的太阳能电池的性能更好一些，其光电转换效率为 5%。Li 等人研究了纳米尺度上不均匀的化学组成对 CIGS 太阳能电池光电性能的影响。结果表明，相邻的晶界之间，Ga 和 In 分布不均

匀，而且在材料不同的晶向上，它们分布也不均匀，这种不均匀分布会影响 CIGS 太阳能电池光电转换效率，这说明可以通过调控 Ga 和 In 在 CIGS 的分布来调控 CIGS 太阳能电池光电性能。一般情况下，CIGS 结晶质量高，Ga 和 In 分布较均匀，CIGS 太阳能光电转换效率高，这需要较高的材料生长温度。

Afshari 等人报道了 CIGS 太阳能电池亚稳态结构。他们研究 CIGS 太阳能电池性能时发现，由于 CIGS 材料较为复杂的成分，在材料的生长过程中，其可能会形成较多的亚稳态结构，如点缺陷、线缺陷等；较低温度下制备的 CIGS 太阳能电池，由于 CIGS 吸收层与 CdS 窗口层界面状态的影响，会存在少数载流子输运的势垒，在太阳光的照射下，势垒消失，转变成弛豫亚稳态，降低了光电转换效率；而较高温度下制备的 CIGS 太阳能电池，少数载流子输运的势垒降低，在光照条件下，减少了消除势垒的光吸收，从而提高了光的利用率。

3.4.4 有机物太阳能电池

有机物太阳能电池是指采用具有光敏性质的有机物代替无机材料半导体材料，在太阳光的照射下产生光伏作用和光电流，将光能转换成电能的器件，这类太阳能电池制备工艺简单，制备成本较低。此外，可以制备柔性太阳能电池，其质量轻，便于携带，因而受到越来越多人的关注，近年来发展迅速。

有机物太阳能电池的光敏层为导电有机物材料，此类材料含有电子给体和电子受体，电子给体具有最高占据分子轨道（HOMO），可以产生和传输空穴，电子受体具有最低占据分子轨道（LUMO），可以产生和传输电子。图 3-20 为有机物太阳能电池的结构和工作原理。

由图 3-20（a）可知，有机物太阳能电池的结构为：有机光敏材料位于两种导电材料之间，正极一般为是 ITO 玻璃，然后是电子给体、电子受体，最后在电子受体上镀一层金属电极，通常为 Al、Ag 等材料，作为负极。其工作原理如图 3-20（b）所示：当太阳光照射到太阳能电池时，通过 ITO 玻璃后到达有机层，电子给体吸收光子，从 HOMO 轨道跃迁至LUMO，产生光生电子-空穴对，当它们扩散至电子给体与电子受体界面时，电子会迁移到电子受体的 LUMO 上，而空穴保留在电子给体的 HOMO 上，光生电子-空穴对分离，电子和空穴最终被电极收集，产生电流，光能也就转换成电能。有机太阳能电池电子和空穴产生和运输主要包括以下几个过程：①通过吸收光子产生激子；②激子扩散至 P 型层和 N 型层的界面处；③在界面处发生电荷转移；④形成的电荷被输运到相应的电极。

视频 10 有机薄膜太阳能电池工作原理

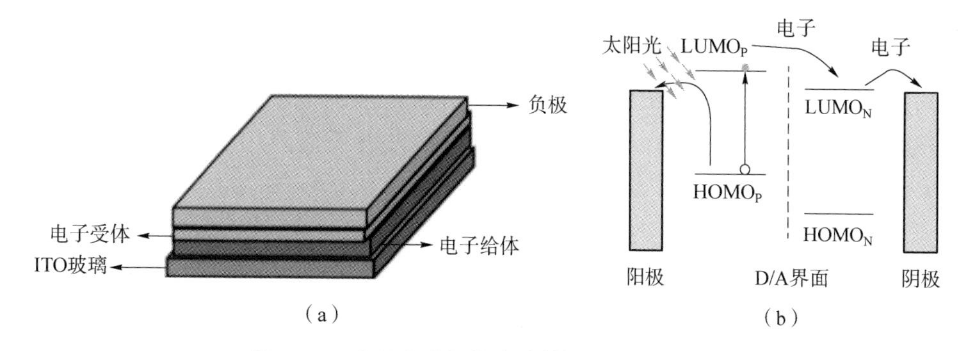

图 3-20 有机物太阳能电池的结构和工作原理

（a）结构；（b）工作原理

Cnops 等人报道了光电转换效率为 8.4%的非富勒烯有机物太阳能电池。在有机物太阳能电池中，SubPc 和 SubNc 作为电子受体，而且二者形成异质结，在光照下，激子分两个步骤分开，远程宽禁带受体在福斯特能的作用下，迁移到窄禁带受体，然后在受体与给体的界面分开。当波长在 420~720 nm，量子效率在 75%以上，有机太阳能电池的开路电压为 1 V，光电转换效率为 8.4%。Li 等系统地研究了有机物太阳能电池中给体有机材料的选择。他们以 TDA 聚合物 PTFB 为给体材料，研究表明，这类给体材料的对称性和结晶性与有机太阳能电池的光电性能密切相关，而且其分子排列受温度影响较大。在较高的温度下，PTFB 的对称性变差，结晶质量降低，在有机物太阳能电池中，可以作为给体材料，而且与小分子受体材料够很好匹配，制备的有机太阳电池的光电转换效率为 10.9%。

目前，有机太阳能电池的光电转换效率相对于产业化要求，是较低的，研究者正在通过材料设计、有机物太阳能电池的结构设计等方式，探索提高有机物太阳能电池光电性能的途径。

3.4.5 染料敏化太阳能电池

染料敏化太阳能电池（dye-sensitized solar cell，DSSC）是通过在介孔纳米半导体薄膜上吸附光敏材料而实现光电转换的太阳能电池。在染料敏化太阳能电池发展的初期，一般都是采用平板半导体吸附染料，吸附量较少，所以光电转换效率较低，都在 1%以下。1991 年，瑞士 Grätzel 教授创造性地用多孔纳米半导体薄膜替代平板半导体将其应用于染料敏化太阳能电池中，并采用具有高消光系数的联吡啶钌配合物作为光敏剂，使染料敏化太阳能电池的光电转换效率取得了飞跃性的提升，其光电转换效率高达 7.1%，这一结果为染料敏化太阳能电池的迅速发展开辟了道路。随后的几十年，人们为了追求高效率的染料敏化太阳能电池而展开了诸多研究。到目前为止，其光电转换转换效率已经超过 13%。染料敏化太阳能电池发展具有以下优势：①原料丰富，制备成本低，大约只有硅太阳能电池的 1/10；②能制成柔性电池，质量轻，携带方便；③制备简单，采用印刷工艺，适用于大规模生产。

染料敏化太阳能电池的工作原理与自然界的光合作用相类似，与硅太阳能电池有较大的差别。在染料敏化太阳能电池中，首先是染料吸收光子，染料分子被光子激发，产生光生电子，然后电子被注入半导体材料的导带中，染料被氧化，电子被电极收集运输到外电路，形成电流。同时，氧化态的染料在电解质溶液中被还原，回到初始状态，从而完成光电转换过程。但是在这个过程中，有可能发生两个暗反应影响光电转换效率：一个是注入半导体材料中的电子没有被传输到外电路，而是回到电解质溶液中，与处于氧化态的染料复合；另一个是半导体材料导带中的电子被电解质溶液中的 I_3^- 复合。染料敏化太阳能电池的具体工作过程如下：

（1）染料吸收光子，从基态变成激发态：

$$D+h\nu \longrightarrow D^* \tag{3-8}$$

（2）激发态的染料将电子注入 TiO_2 的导带中，同时，染料被氧化：

$$D^* \longrightarrow D^+ + e^-(CB) \tag{3-9}$$

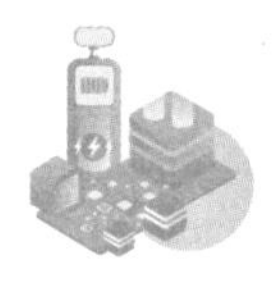

（3）导电玻璃电极收集 TiO_2 导带中的电子，传输至外电路：

$$e^-(CB) \longrightarrow e^-(FTO) \tag{3-10}$$

（4）氧化态染料通过与电解质溶液中的 I^- 反应还原再生：

$$2D^+ + 3I^- \longrightarrow 2D + I_3^- \tag{3-11}$$

（5）电解质溶液中的 I_3^- 扩散至对电极被还原成 I^-：

$$I_3^- + 2e^- \longrightarrow 3I^- \tag{3-12}$$

（6）氧化态的染料俘获 TiO_2 导带中的电子，与之复合：

$$D^+ + e^-(CB) \longrightarrow D \tag{3-13}$$

（7）TiO_2 导带中的电子被电解质溶液中的 I_3^- 所复合：

$$I_3^- + 2e^-(CB) \rightarrow 3I^- \tag{3-14}$$

上述反应过程中，D 为基态染料；D^* 为激发态染料；D^+ 为氧化态染料；e^-（CB）为 TiO_2 导带中的电子；e^-（FTO）为导电玻璃收集的电子。在上述过程中，过程（1）和过程（4）是利于染料敏化太阳能电池的光电转换，吸附的染料越多，染料的寿命越长，产生的光生载流子越多，越有利于提高染料敏化太阳能电池的光电转换效率。过程（6）和过程（7）是两个逆反应，会降低电子注入效率，损失电流。因此，如何有效地避免或抑制过程（6）和过程（7），提高染料的寿命和电子注入效率是有效提高 DSSC 光电流，获得高光电转换效率的关键。

Yum 等人报道了 Co 络合物用于染料敏化太阳能电池。在染料敏化太阳能电池中，将 Co 络合物吸附在 TiO_2 薄膜上作为染料，能够吸收波长 400~700 nm 的太阳光，其光电转换效率为 10%。Sim 等系统地研究了染料敏化太阳能电池组件的光电性能。在染料敏化太阳能电池光电极上设计了光捕获层，然后把染料敏化太阳能电池组装成三维组件，光捕获层增加了光在光电极中的传播距离，增加了光生电子和空穴的产生，而把组件组装成三维结构，有利于光电子的收集。在他们的研究中，染料敏化太阳能电池的光电转换效率为 5%，其组件的光电转换效率为 8.5%，显示其实际应用的巨大前景。

3.4.6 钙钛矿太阳能电池

钙钛矿太阳能电池是在染料敏化太阳能电池的基础上发展起来的，2009 年，日本 Miyasaka 教授首次将钙钛矿材料作为敏化剂应用于染料敏化太阳能电池获得了 3.8%的光电转换效率。他们的研究结果受到了全世界研究者的广泛关注，成为研究的热点。经过十几年的发展，钙钛矿太阳能电池已经有了较大发展，目前，其光电转换效率已经达到 25.3%。

典型钙钛矿材料的化学表达式为 ABX_3，A 为有机阳离子［如 $CH_3NH_3^+$（MA^+）、$NH_2CH{=}NH_2^+$（FA^+）等］，B 为金属阳离子（如 Pb^{2+}、Sn^{2+}、Mn^{2+} 等），X 为卤素阴离子（如 I^-、Cl^-、Br^- 等），B 位于八面体的中心，X 位于八面体的顶角，八面体与八面体之间通过角共享构成三维网状结构，A 填充在这些八面体之间的空隙中。钙钛矿材料具有优越的光电特性，是一类理想的光伏材料。图 3-21 为钙钛矿材料晶体结构示意图。

目前，最常见的钙钛矿太阳能电池为介观钙钛矿太阳能电池，其中的介孔层主要起到帮助钙钛矿成膜和传输电子的作用，其工作原理如图 3-22 所示。钙钛矿材料吸收光子被激发，产生激子，激子扩散至界面并分离成自由电子和空穴，电子被注入电子传输层的导带，并被传输到外电路，空穴通过空穴传输层传输至对电极，然后传输至外电路形成一个回路。

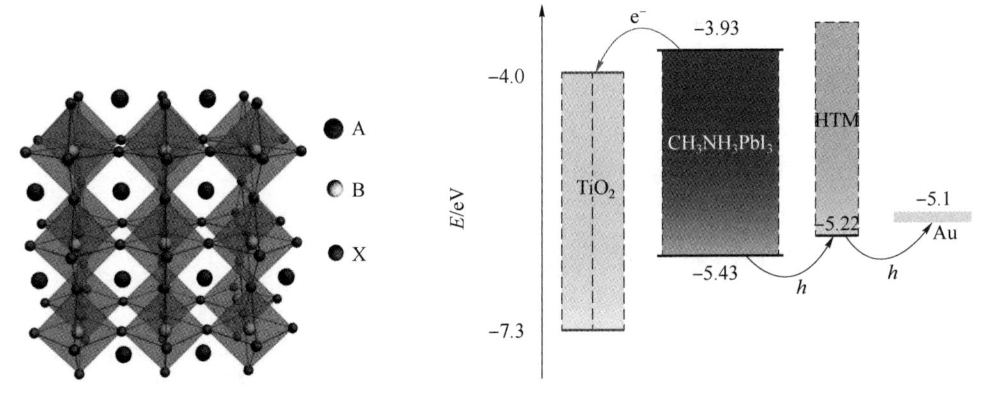

图 3-21　钙钛矿材料晶体结构示意图　　图 3-22　钙钛矿太阳能电池的工作原理

Lakhdar 等人研究了钙钛矿太阳能电池中电子传输材料对钙钛矿太阳能电池的影响。他们在电池中采用 Ge 基钙钛矿材料代替 Pb 基钙钛矿材料，制备了钙钛矿太阳能电池，避免了 Pb 元素的毒性对环境的污染，它展现与 Pb 基钙钛矿太阳能电池类似的光电性能；比较了不同的电子传输层性能，发现采用富勒烯电子传输层，Ge 基钙钛矿太阳能电池的光电转换效率为 13. 5%。Luo 等系统地总结了全钙钛矿太阳能电池的光电转换效率，如图 3-23 所示，显然全钙钛矿太阳能电池的光电转换效率较高，已经达到 24. 8%，展示了其巨大的应用前景。

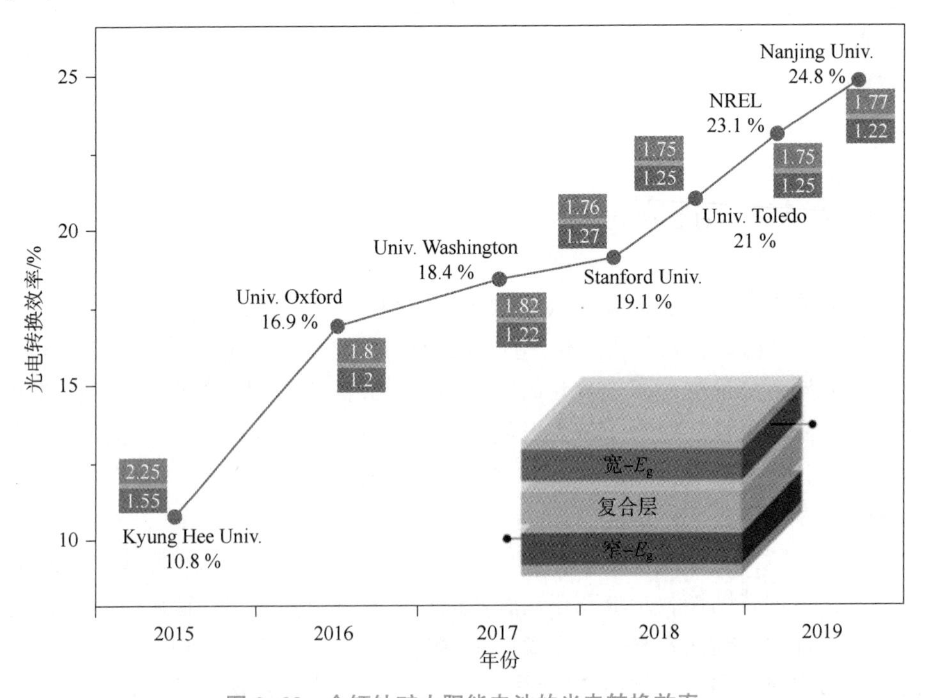

图 3-23　全钙钛矿太阳能电池的光电转换效率

思 考 题

1. 太阳能电池有哪些分类？简述当今太阳能电池的应用概况。

2. 叠层太阳能电池设计需要注意哪些技术参数？

3. 为什么太阳能电池用 P 型层作为太阳光的吸收层？

4. 染料敏化太阳能电池的工作原理是什么？钙钛矿太阳能电池与染料敏化太阳能电池有哪些联系？

5. 钙钛矿太阳能电池的优势和缺点是什么？

6. 高效太阳能电池的条件有哪些？谈谈你在设计太阳能电池结构时，如何利用这些条件。

参 考 文 献

[1] WEI C Y, LIN C H, HSIAO H T, et al. Efficiency improvement of HIT solar cells on p-type Si wafers [J]. Materials, 2013, 6 (11): 5440-5446.

[2] ZHONG G, YU Q, HUANG X, et al. Performance of solar cells fabricated from cast quasi-single crystalline silicon ingots [J]. Solar Energy, 2015 (111): 218-224.

[3] EI-AMIN1 A A, ZAKI A A. Improving the efficiency of multicrystalline silicon by adding an ARC layer in the front device [J]. Silicon, 2017 (9): 53-58.

[4] LIU B, QIU S, CHEN N, et al. Double-layered silicon nitride antireflection coatings for multicrystalline silicon solar cells [J]. Materials Science in Semiconductor Processing, 2013, 16 (3): 1014-1021.

[5] PI X, ZHANG L, YANG D. Enhancing the efficiency of multicrystalline silicon solar cells by the inkjet printing of silicon-quantum-dot ink [J]. Journal of Physics and Chemistry C, 2012, 116 (40): 21240-21243.

[6] SCHINDLER F, FELL A, MüLLER R, et al. Towards the efficiency limits of multicrystalline silicon solar cells [J]. Solar Energy Materials and Solar Cells, 2018 (185): 198-204.

[7] CRANDALL R S, LI J V. Effect of band mismatch on minority carrier transport in heterojunction solar cells [J]. Solar Energy Materials and Solar Cells, 2014 (129): 13-16.

[8] FANG J, CHEN Z, WANG N, et al. Improvement in performance of hydrogenated amorphous silicon solar cells with hydrogenated intrinsic amorphous silicon oxide p/i buffer layers [J]. Solar Energy Materials and Solar Cells, 2014 (128): 394-398.

[9] ISABELLA O, DOBROVOLSKIY S, KROON G, et al. Design and application of dielectric distributed Bragg back reflector in thin-film silicon solar cells [J]. Journal of Non-Crystalline Solids, 2012, 358 (17): 2295-2298.

[10] SRITHARATHIKHUN J, INTHISANG S, KRAJANGSANG T, et al. Optimization of an i-a-

SiO_x:H absorber layer for thin film silicon solar cell applications [J]. Thin Solid Films, 2013 (546): 383-386.

[11] LI H, LIU X. Improved performance of CdTe solar cells with CdS treatment [J]. Solar Energy, 2015 (115): 603-612.

[12] REN Z, LIU H, LIU Z, et al. The GaAs/GaAs/Si solar cell-towards current matching in an integrated two terminal tandem [J]. Solar Energy Materials and Solar Cells, 2017 (160): 94-100.

[13] LAGHUMAVARAPU R B, LIANG B L, BITTNER Z S, et al. GaSb/InGaAs quantum dot-well hybrid structure active regions in solar cells [J]. Solar Energy Materials and Solar Cells, 2013 (114): 165-171.

[14] JANG Y, YUN Y, MOON S, et al. Flexible thin-film GaAs solar cells with rear micro-pattern [J]. Journal of the Korean Physical Society, 2021 (79): 751-754.

[15] COJOCARU-MIRDIN O, CHOI P, WUERZ R, et al. Exploring the p-n junction region in $Cu(In,Ga)Se_2$ thin-film solar cells at the nanometer-scale [J]. Applied Physics Letters, 2012, 101 (18): 181603.

[16] JUNG G S, KIM S, KO Y M, et al. Control of point defects in the $Cu(In, Ga)Se_2$ film synthesized at low temperature from a Cu/In_2Se_3 stacked precursor [J]. Electronic Materials Letters, 2016 (12): 472-478.

[17] LIU F F, SUN Y, HE Q. Influences of Ga gradient distribution on $Cu(In, Ga)Se_2$ film [J]. Acta Physica Sinica, 2014, 63 (4): 47201.

[18] JEON S O, LEE J Y. Improved efficiency of inverted organic solar cells using organic hole collecting interlayer [J]. Journal of Industrial and Engineerig Chemisty, 2012, 18 (2): 661-663.

[19] TANG Z, TRESS W, INGANAS O. Light trapping in thin film organic solar cells [J]. Materials Today, 2014, 17 (8): 389-396.

[20] 梁骏吾. 电子级多晶硅的生产工艺 [J]. 中国工程科学, 2000, 2 (12): 34-39.

[21] XIAO S, FAN Q, XIA X, et al. Dependence of the solar cell performance on nanocarbon/Si heterojunctions [J]. Chinese Physics B, 2018, 27 (7): 600-605.

[22] MALLICK S B, AGRAWAL M, WANGPERAWONG A, et al. Ultrathin crystalline-silicon solar cells with embedded photonic crystals [J]. Applied Physics Letters, 2012, 100 (5): 114302.

[23] YAMAMOTO K, YOSHIKAWA K, UZU H, et al. High-efficiency heterojunction crystalline Si solar cells [J]. Japanese Journal of Applied Physics, 2018 (57): 08RB20.

[24] LAN C W, LAN W C, LEE T F, et al. Grain control in directional solidification of photovoltaic silicon [J]. Journal of Crystal Growth, 2012 (360): 68-75.

[25] KIM G S, KIM J H, OH S Y, et al. Growth and analysis of 450 kg multicrystalline silicon ingot for solar cells using multi-heating block directional solidification [J]. Journal of Nanoscience and Nanotechnology, 2016, 16 (11): 11396-11401.

[26] FANG J, CHEN Z, HOU G, et al. High-quality hydrogenated intrinsic amorphous silicon

oxide layers treated by H_2 plasma used as the p/i buffer layers in hydrogenated amorphous silicon solar cells [J]. Solar Energy and Materials Solar Cells, 2015 (136): 172-176.

[27] SRITHARATHIKHUN J, INTHISANG S, KRAJANGSANG T, et al. The role of hydrogenated amorphous silicon oxide buffer layer on improving the performance of hydrogenated amorphous silicon germanium single-junction solar cells [J]. Optical Materials, 2016 (62): 626-631.

[28] GO B N, KIM Y D, OH K S, et al. Improved conversion efficiency of amorphous Si solar cells using a mesoporous ZnO pattern [J]. Nanoscale Research Letters, 2014 (9): 1-6.

[29] XU Z, ZOU X, ZHOU X, et al. Optimum design and preparation of a-Si/a-Si/a-SiGe triple-junction solar cells [J]. Journal of Applied Physics, 1994, 75 (1): 588-595.

[30] LIU B, BAI L, NI J, et al. A-SiGe:H solar cell and its preliminary application in triple-junction solar cells [C] //The 22nd International Photovoltaic Science & Engineering Conference, 2012.

[31] FU H C, LI W, YANG Y, et al. An efficient and stable solar flow battery enabled by a single-junction GaAs photoelectrode [J]. Nature Communications, 2021, 12 (1): 156.

[32] LEE S M, KWONG A, JUNG D, et al. High performance ultrathin GaAs solar cells enabled with heterogeneously integrated dielectric periodic nanostructures [J]. ACS Nano, 2015, 9 (10): 10356-10365.

[33] HAN N, YANG X X, WANG F, et al. Crystal orientation controlled photovoltaic properties of multilayer GaAs nanowire arrays [J]. ACS Nano, 2016, 10 (6): 6283-6290.

[34] SABLON K A, LITTLE J W, MITIN V, et al. Strong enhancement of solar cell efficiency due to quantum dots with built-in charge [J]. Nano Letters, 2011, 11 (6): 2311-2317.

[35] REY-STOLLE I, GARCIA I, GALIANA B, et al. Improvements in the MOVPE growth of multi-junction solar cells for very high concentration [J]. Journal of Crystal Growth, 2007 (298): 762-766.

[36] OH G, KIM Y, LEE S J, et al. Broadband antireflective coatings for high efficiency InGaP/GaAs/InGaAsP/InGaAs multi-junction solar cells [J]. Solar Energy Materials and Solar Cells, 2020 (207): 110359.

[37] HRACHOWINA L, CHEN Y, BARRIGON E, et al. Realization of axially defined GaInP/InP/InAsP triple-junction photovoltaic nanowires for high-performance solar cells [J]. Materials Today Energy, 2022 (27): 101050.

[38] DAI P, YANG W, LONG J, et al. The investigation of wafer-bonded multi-junction solar cell grown by MBE [J]. Journal of Crystal Growth, 2019 (515): 16-20.

[39] SCHIMPER H J, KOLLONITSCH Z, MOLLER K, et al. Material studies regarding InP-based high-efficiency solar cells [J]. Journal of Crystal Growth, 2006, 287 (2): 642-646.

[40] KRANZ L, GRETENER C, PERRENOUD J, et al. Doping of polycrystalline CdTe for high-efficiency solar cells on flexible metal foil [J]. Nature Communications, 2013, 4 (1): 2306.

[41] MAJOR J D, TURKESTANI D A, BOWEN L, et al. In-depth analysis of chloride treatments

for thin-film CdTe solar cells [J]. Nature Communications, 2016, 7 (1): 13231.

[42] RAADIK T, KRUSTOK J, JOSEPSON R, et al. Temperature dependent electroreflectance study of CdTe solar cells [J]. Thin Solid Films, 2013 (535): 279-282.

[43] GRENET L, EMIEUX F, DELLEA O, et al. Influence of coevaporation process on CIGS solar cells with reduced absorber thickness and current enhancement with periodically textured glass substrates [J]. Thin Solid Films, 2017 (621): 188-194.

[44] LI W, COHEN S, GARTSMAN K, et al. Chemical compositional non-uniformity and its effects on CIGS solar cell performance at the nm-scale [J]. Solar Energy Materials and Solar Cells, 2012 (98): 78-82.

[45] AFSHARI H, DURANT B K, BROWN C R, et al. The role of metastability and concentration on the performance of CIGS solar cells under low-intensity-low-temperature conditions [J]. Solar Energy Materials and Solar Cells, 2020 (212): 110571.

[46] CNOPS K, RAND B, CHEYNS D, et al. 8.4% efficient fullerene-free organic solar cells exploiting long-range exciton energy transfer [J]. Nature Communnications, 2014, 5 (1): 3406.

[47] LI Z, JIANG K, YANG G, et al. Donor polymer design enables efficient non-fullerene organic solar cells [J]. Nature Communnications, 2016, 7 (1): 13094.

[48] YUM J H, BARANOFF E, KESSLER F, et al. A cobalt complex redox shuttle for dye-sensitized solar cells with high open-circuit potentials [J]. Nature Communnications, 2012, 3 (1): 631.

[49] SIM Y H, YUN M J, CHA S I, et al. Preparation 8.5%-efficient submodule using 5%-efficient DSSCs via three-dimensional angle array and light-trapping layer [J]. NPG Asia Materials, 2020, 12 (1): 14.

[50] LAKHDAR N, HIMA A. Electron transport material effect on performance of perovskite solar cells based on $CH_3NH_3GeI_3$ [J]. Optical Materials, 2020 (99): 109517.

[51] LUO X, WU T, WANG Y, et al. Progress of all-perovskite tandem solar cells: The role of narrow-bandgap absorbers [J]. Science China Chemistry, 2021 (64): 218-227.

第 4 章　燃料电池材料与器件

4.1　燃料电池概述

4.1.1　燃料电池的定义

燃料电池是能够将燃料的化学能通过反应转换成电能的一种装置，它与传统的电池工作原理有较大的不同，它只需要将燃料输入装置中，通过化学反应，把化学能转换成电能，它只为能量转换提供场所。在燃料电池中，需要不断消耗燃料，因此，需要外界不断提供燃料和氧化剂，燃料电池才能连续发电，这是它的典型特征，也是与其他电池最大的区别。图 4-1 为燃料电池直接发电示意图。

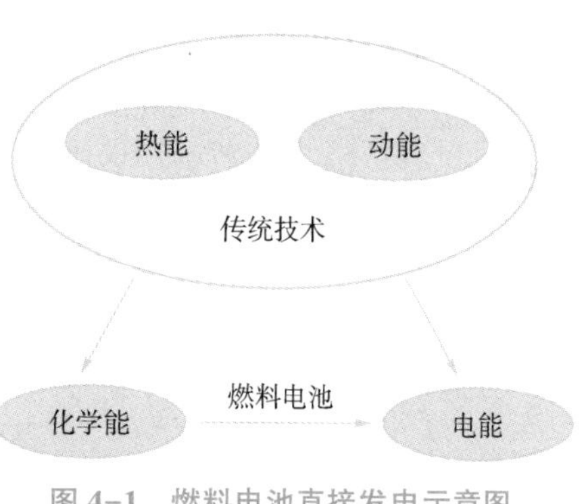

图 4-1　燃料电池直接发电示意图

4.1.2　燃料电池的发展历史

1838 年，Schonbein 在实验室中首先发现了燃料电池的化学反应，引起研究者的关注。1839 年，Grove 发明气体伏打电池，开启了燃料电池的时代，故 Grove 被称为燃料电池之父。1889 年，Mond 和 Langer 对气体伏打电池进一步改进，并将电池命名为燃料电池。1896 年，Jaques 成功研制了数百瓦的煤燃料电池，他也是第一位在电解液中使用磷酸的研究人员。1959 年，研究者设计和制备了千瓦级的燃料电池，同时，产业界也在积极地推动燃料电池技术，同年，艾丽斯-查尔莫斯公司成功研制出世界上第一辆碱性燃料电池拖拉机，展示了燃料电池实际应用的巨大前景。1965 年，燃料电池在阿波罗登月飞船的成功应用将燃料电池技术推向了一个全新的发展阶段。1988 年，德国研究人员制造出燃料电池潜艇。1991 年，日本研究人员建造了燃料电池电站（11 MW）。总之，燃料电池技术的进步不仅展示了其巨大应用前景，也为缓解人类面临的能源危机提供重要解决方案。

我国燃料电池起步较晚，1958 年，原电子工业部天津电源研究所最早研究燃料电池，从此国内燃料电池技术迅速发展。经过几十年的发展，我国燃料电池技术取得了一系列的成果，但是与发达国家相比，还有较大的差距。

从国内外燃料电池发展的历程来看，燃料电池作为一种电源，从其诞生之日起，就受到研究者的广泛关注，并不断发展。目前，燃料电池已经被视为解决化石能源危机的重要技术。

Asazawa 等人报道了一种无贵金属 Pt 的燃料电池。他们用肼代替氢气作为燃料，采用离子交换电解液，制备的燃料电池展现良好的电化学性能，其能量密度为 3.5 W·h/cm^2，比采用氢气作为燃料的能量密度（1.3 W·h/cm^2）有明显提高。他们的研究结果还表明，以肼为燃料的无贵金属作催化剂的燃料电池在动力汽车方面有着巨大的应用潜力。

4.2 燃料电池的工作原理

燃料电池由阳极、阴极和电解质三部分组成。阳极发生氧化反应，产生阳离子和自由电子，阴极发生还原反应，获得电子，产生阴离子；电解质起传导离子的作用。在燃料电池中，化学能直接转化成电能，反应过程可以写成如下过程

$$[O]+[R] \longrightarrow P$$

式中，[O] 为氧化剂；[R] 为还原剂；P 为反应产物。

实际上，上述反应可以看成两个半反应：一个是氧化剂的还原反应；另一个是还原剂的氧化反应，因此，也可以写成

阳极反应：$[R] \longrightarrow [R]^+ + e^-$

阴极反应：$[R]^+ + [O] + e^- \longrightarrow P$

总反应：$[R]+[O] \longrightarrow P$

在燃料电池中，以氢气为燃料，其过程就可以写成

$$H_2 \longrightarrow 2H^+ + 2e^-$$

$$1/2O_2 + 2H^+ + 2e^- \longrightarrow H_2O$$

氢离子在电解质内迁移，而电子通过外电路定向流动，形成电流，对外做功，这就构成了燃料电池的电路系统。阴极发生还原反应，阳极发生氧化反应。燃料电池工作时，需要将燃料和氧化剂输入电池中，并将产物排出电池外，燃料电池只是实现能量转换的场所。图 4-2 为 H_2 燃料电池工作原理示意图。

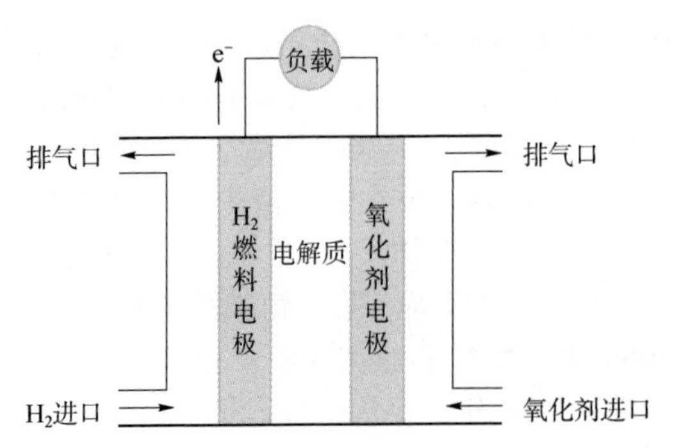

图 4-2　H_2 燃料电池工作原理示意图

视频 11　燃烧电池的工作原理

在实际的燃料电池中，经常采用氢气和各类富氢气体作为电池的燃料，氧化剂为纯氧或净化后的空气等。

4.3　燃料电池的特点

（1）效率高。燃料电池的理论转化效率可以高达85%～90%，目前效率达到了40%～60%，因此，具有巨大应用前景。

（2）环境友好。燃料电池在实现能量转化的过程中，效率较高，如果以H_2为燃料，其最终生成产物为H_2O，可以从根本上消除二氧化碳、氮氧化物、硫氧化物等有害气体的排放，对实现我国的双碳目标有重要的意义。

（3）噪声低。研究表明：对于40 kW的磷酸燃料电池发电站，在0～5 m距离，其噪声水平约为60 dB，远低于其他发电站的噪声。

（4）可靠性好。燃料电池在运行过程中一般较为稳定，具有较好的可靠性，可以不间断提供电能。

4.4　燃料电池的分类和应用

4.4.1　燃料电池的分类

燃料电池按照燃料的种类可以分为碱性燃料电池和磷酸燃料电池，碱性燃料电池采用KOH、NaOH等碱性溶液，而磷酸燃料电池则采用浓磷酸作为电解质；按照电池可以使用温度的高低，可以分为高温（600 ℃以上）、中温（100～600 ℃）和低温（100 ℃以下）燃料电池。

4.4.2　燃料电池的应用

作为一种电源器件，燃料电池可以集成在一起，即将多台燃料电池按串联、并联的集成方式向外供电，燃料电池可以做成电站对外发电，也可以单个作为分散电源和可移动电源使用，因此，燃料电池的应用比较广泛。磷酸型燃料电池技术相对较为成熟，已经用于发电站，目前，全世界已经有上百座PC25分散式发电站采用了磷酸型燃料电池技术，这不仅推动了燃料电池技术，也证明了燃料电池可以用作不间断电源，进一步说明了燃料电池技术在新能源器件中的作用。

质子交换膜燃料电池是一种重要的燃料电池，以全氟或部分氟化的磺酸型质子交换膜为电解质，它具有室温启动快的特点，可以根据负载调节功率，比较适合用作各类移动电源和潜艇动力源。表4-1为不同级别的燃料电池的应用领域。

表 4-1 不同级别的燃烧电池的应用领域

发电量级别	应用领域
1 W	小型电子产品电源，如手机、笔记本电脑等
10 W	便捷式电源，如警用强光手电筒、军用野外转杯等
100 W	小型电动车、不间断电源（UPS）等
1 kW	移动式动力电源，如家庭电源
10 kW	电动车动力电源等
100 kW	潜艇、公共汽车等交通工具
1 MW 以上	局部分散电站、大型舰船等电源

4.5 典型的燃料电池

4.5.1 质子交换膜燃料电池

（1）电池结构和工作原理。

质子交换膜燃料电池（proton exchange membrane fuel cell，PEMFC）采用全氟磺酸型固体聚合物为电解质，贵金属与碳复合材料为催化剂，典型的催化剂有铂/碳（Pt/C）或铂-钌/碳（Pt-Ru/C）等，而双极板则是石墨或表面改性的带有气体流通通道的金属板。目前，质子交换膜多为 Nafion 膜。这类燃料电池已经用于航空、军事等领域。图 4-3 为质子交换膜燃料电池的工作原理示意图。

质子交换膜燃料电池在阳极催化层中发生电极反应：

$$H_2 \longrightarrow 2H^+ + 2e^-$$

在阴极发生电极反应：

$$1/2O_2 + 2H^+ + 2e^- \longrightarrow H_2O$$

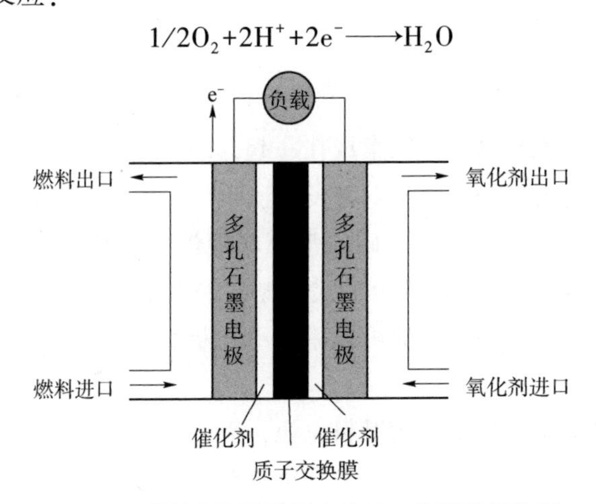

图 4-3 质子交换膜燃料电池的工作原理示意图

阳极产生的电子经过外电路到达阴极，氢质子经质子交换膜到达阴极，在阴极与氧气发生还原反应生成水，而生成的水不留在燃料电池中，而是随尾气排出。

显然，在质子交换膜燃料电池中，催化剂电极（阴极与阳极）、质子交换膜和双极板是关键部件，其中，质子交换膜传输质子，阳极产生的质子通过质子交换膜到达阴极，电子通过外电路到达阴极，在这个过程中产生了电流。

Ma 等通过构筑多级质子导电通道研究了聚酰胺质子交换膜用于燃料电池中的性能。他们通过调整聚酰胺材料官能团的位置，构筑了多级质子导电通道，使质子更容易迁移，增强了燃料电池的电化学性能，其工作电压明显增大。Luo 等人研究了交联聚醚醚酮膜在燃料电池中的应用。作为燃料电池的质子交换膜，交联聚醚醚酮膜具有较好的质子导电性能，质子电导率在 80 ℃时为 5.8×10^{-2} S/cm，与 Nafion 膜相比，交联聚醚醚酮膜显著提高了燃料电池的电化学性能。

（2）Pt/C 催化剂。

催化剂是燃料电池的重要组成部分，阳极氢氧化（HOR）反应的速度很快，阴极氧还原（ORR）反应缓慢，因此，ORR 反应是制约 H_2 燃料电池的关键技术。为了加快阴极 ORR 的化学反应，通常采用催化剂降低 ORR 的过电位。目前，Pt/C 是最为常用的燃料电池催化剂，其 ORR 反应机理如下：

$$O_2+H^++e^-+*\longrightarrow OOH^*$$

$$OOH^*+H^++e^-\longrightarrow O^*+H_2O$$

$$O^*+H^++e^-\longrightarrow OH^*$$

$$OH^*+H^++e^-\longrightarrow H_2O+*$$

式中，* 代表催化剂材料的活性位点。

在这个反应过程中，氧结合能对电催化材料的 ORR 活性和机理起关键作用。研究人员通过大量的实验证明，电极材料表面的 ORR 电催化速率与电极的氧结合能呈火山线性关系。

在燃烧电池中，催化剂需要满足如下要求：①具有较好的导电性；②电化学稳定性好，在催化反应过程中，催化剂电化学性质不稳定会导致催化剂失活；③催化剂要有适当的选择性，这样就能催化主要反应而抑制副反应发生。质子交换膜燃料电池工作温度一般低于 100 ℃，在电池中经常使用贵金属铂作为催化剂。为了提高铂的利用率，经常使用铂纳米颗粒作为催化剂，把铂纳米颗粒与乙炔炭黑复合，作为阳极催化层。为了将铂纳米颗粒高效分散到载体上，可以采用物理和化学两类方法来制备复合电极，目前，化学的方法比较常用，而物理的方法尚处在发展之中。

Kocher 等人研究了 Pt/C 催化剂在燃料电池中的应用。他们通过组合化学聚合反应制备了 Pt/C/PANI 纳米复合材料催化剂，电化学测试表明，Pt/C/PANI 具有很好的氧还原性能，而且也非常稳定，循环 10 000 次后，电化学活性表面积仅减少 27%。在他们的研究中，催化剂的活化性能与 PANI 的厚度紧密相关，在优化的条件下，平均厚度为 3 nm 时，Pt/C/PANI 催化剂具有最高催化活性。Zhou 等人报道了核-壳 Pt/C@ NCL300 催化剂的电化学性能，它具有较好的 ORR 催化活性，电流密度达到 434.3 $\mu A/cm^2$，将其用于燃料电池，展现了较高的能量密度。

（3）电极。

在燃料电池中，电极是电池重要的组成部分，对质子交换膜燃料电池而言，电极均为气体扩散电极，由催化层和扩散层组成，催化层主要是发生催化反应的场所，而扩散层主要起支撑作用。图 4-4 为质子交换膜燃料电池电极结构示意图。

图 4-4　质子交换膜燃料电池电极结构示意图

质子交换膜燃料电池电极扩散层的作用如下：①扩散层主要起支撑作用，要求扩散层与催化层之间的电阻小；②反应气体要通过扩散层才能到达催化层，实现能量转化，故要求扩散层具有高孔隙率，而且孔径大小适当；③扩散层材料必须具有较好的导电性能；④在燃料电池中，质子交换膜燃料电池能量转换效率不是很高，一般 50%左右，而且电极经常发生极化，特别是氧阴极，这就需要扩散层具有较好的导热性能；⑤扩散层要有较好的稳定性，在氧化或还原的气氛中，不发生化学反应，不产生电极腐蚀。在常见的材料中，碳材料具备上述性能，因此经常在质子交换膜燃料电池中采用石墨作为扩散层（厚度为 100~300 μm）。

（4）质子交换膜。

质子交换膜起传输质子的作用，对电池的性能和寿命都产生较大的影响。质子交换膜材料需要满足以下条件：①质子传导能力强，电导率要在 0.1 S/cm 以上；②膜的结构和组成在燃料电池正常工作时具有较好的化学和电化学稳定性；③具有较高的气体渗透系数；④制备膜电极“三合一”组件时，催化剂层与膜接触电阻较小；⑤具有一定的机械强度。目前，在燃料电池中，多数情况下使用的是 Nafion 膜，其化学结构式图 4-5 所示。

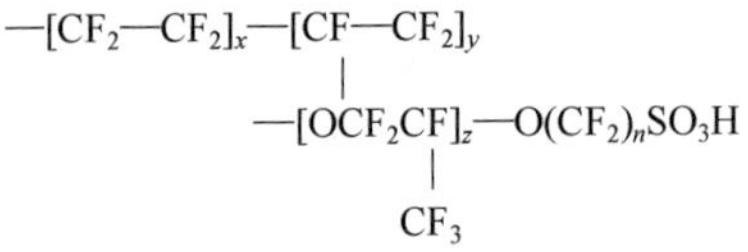

$$
\begin{array}{l}
-[CF_2-CF_2]_x-[CF-CF_2]_y \\
\qquad\qquad\qquad\quad | \\
\qquad\qquad\qquad -[OCF_2CF]_z-O(CF_2)_nSO_3H \\
\qquad\qquad\qquad\qquad\quad | \\
\qquad\qquad\qquad\qquad CF_3
\end{array}
$$

图 4-5　Nafion 膜的化学结构式

研究表明：在质子交换膜内，质子是以水合质子 H_3O^+ 的形式存在，它可以在磺酸根之间跳跃，从而实现质子在膜内的运输。

为了降低燃料电池膜电极的成本，研究者开发了大量的 Pt 催化剂，不断提高 Pt 的催化活性和降低 Pt 的使用量。Fan 等人系统介绍了 Pt 催化剂的负载量、厚度和转移电阻之间的关系，总结了制备高活性 Pt 催化剂的方法，膜电极界面对催化剂活性的影响，界面的电阻越小，催化剂的活性越高，因此，在制备膜电极时，要尽量减小界面电阻。Zeng 等人研究了仿生 N 掺杂石墨烯膜燃料电池的性能。石墨烯膜具有良好的质子选择性，但是较低的质子渗透率限制了石墨烯膜在燃料电池中的应用，他们采用 N 掺杂石墨烯制备薄膜，将其作为质子交换膜并用于燃料电池，展示了良好的电化学性能。N 掺杂显著提高了膜的质子选择性和渗透率，相对于商业质子交换膜，质子电导率和选择性均提高了 1~2 个数量级，他们的研究实现了通过 N 掺杂调节石墨烯膜的选择性和渗透率，为提高燃料电池的电化学性能提供了重要的参考。

（5）双极板。

质子交换膜燃料电池在很多情况下是多个单电池通过串、并联集成在一起，双极板具有

以下性能：①双极板材料必须具有良好的导电性，否则，会降低组装后电池系统的能量转换性能；②燃料（如氢）和氧化剂（如氧）可以通过双极板和密封件之间的孔道，并且可以经导管到达各个单电池；③双极板要设计成无孔，能隔离两侧的燃料和氧化剂；④双极板的材料要具有较好的物理和化学稳定性，能在电池正常工作期间不被氧化剂、还原剂等腐蚀；⑤双极板材料要有较好的传热性能，这样才能把能量转换过程中产生的废热较好地释放；⑥双极板材料价格较低且容易加工，这样就能降低燃料电池的成本。目前，双极板材料一般采用石墨和金属板，有时要对石墨和金属板的表面进行处理，改善燃料电池的表面状态，使其有利于提高电池的能量转换效率。

Kim 等人制备了 C/环氧树脂复合材料作为燃料电池的双极板，展现良好的导电性和热传导性能，石墨材料在环氧树脂上能有效地减小界面电阻，当燃料电池正常的工作较长时间时，没有发现明显的腐蚀现象。与常用的燃料电池双极板相比，C/环氧树脂复合材料降低了 50%，而且石墨层有效地减少了燃料气体穿过双极板。

Yu 等用等离子体对 C 纤维双极板进行改性，提升燃料电池双极板的性能。他们用等离子刻蚀处理 C 纤维双极板，减小气体通过层与 C 纤维/环氧树脂之间的电阻，等离子体将复合材料表面多余的树脂移除。在优化的条件下，双极板的电阻明显减小 70%，而界面的黏附力没有明显减小。

4.5.2　直接甲醇燃料电池

直接甲醇燃料电池（DMFC）是在质子交换膜燃料电池的基础上发展起来的，它们具有相似的结构，只是燃料不同，由氢气变成了甲醇。DMFC 结构比较简单，容易操作，安全环保，研究表明，DMFC 能量转化效率较高，具有非常广阔的应用前景。在直接甲醇燃料电池中，能量转化的过程如下：

阳极反应：$CH_3OH+H_2O \longrightarrow CO_2+6H^++6e^-$

阴极反应：$3/2O_2+6H^++6e^- \longrightarrow 3H_2O$

电池的总反应：$CH_3OH+3/2O_2 \longrightarrow CO_2+2H_2O$

在标准状态下，DMFC 的理论电动势为 1.183 V，热力学理论能量转化效率可以达到 96.7%。

类似地，根据不同的燃料，研究人员也相应地开发了甲酸、甲醛等其他有机燃料的燃烧电池。不过，这些燃料电池技术目前还没有达到规模化应用阶段，燃料电池的结构还需要进一步优化，有待于开发出更高效率的催化剂。

Chen 等人系统地归纳了直接甲醇燃料电池的基本工作原理、最新实验进展、发展趋势和存在的问题，特别是对直接甲醇燃料电池结构中电极、质子交换膜、催化剂的材料种类、性能和制备方法进行了阐述，最后点明了尽管直接甲醇燃料电池已经在很多领域应用，但是还存在一些问题，如气体流通通道的结构还需要进一步设计优化，提高燃料电池效率等。

4.5.3　磷酸燃料电池

磷酸燃料电池（PAFC）是采用磷酸作为电解质的酸性燃料电池，电化学性能较稳定，可以在较宽的温度范围内工作，属于中温燃料电池。当 PAFC 正常工作时，电极的温度较高，所以其阴极上化学反应较快。磷酸燃料电池的优点比较明显，具有结构简单、工作稳定等优点。其电极反应如下：

阳极反应：$H_2 \longrightarrow 2H^+ + 2e^-$

阴极反应：$1/2O_2 + 2H^+ + 2e^- \longrightarrow H_2O$

电池的总反应：$H_2 + 1/2O_2 \longrightarrow H_2O$

Paul 等系统地研究了用于燃料电池的磷酸的导电性。作为燃料电池电解质的磷酸的导电性对电池性能有较大的影响，它取决于电池工作时质子在电解液中的导电性。由于质子导电性与电池工作的温度有关，所以磷酸在燃料电池中的导电性也受温度的影响。理论研究表明，稀释的磷酸有助于提高质子导电性和燃料电池的电化学性能。Lu 等报道了高性能的磷酸燃料电池，他们将聚四氟乙烯和微晶玻璃复合材料用作燃料电池的膜，制备了低漏电和高性能燃料电池。将 25 μm 厚的聚四氟乙烯薄膜覆盖在微晶玻璃上，制备成复合材料薄膜，它作为质子交换膜具有较好的导热性和化学稳定性，将 Pt/C 材料作为催化剂，燃料电池表现较好的电化学性能，在优化的条件下，燃料电池的功率密度为 614 mW/cm^2，电流密度为 1 761 mA/cm^2。

4.5.4 熔融碳酸盐燃料电池

熔融碳酸盐燃料电池（MCFC）是指采用熔融的碳酸盐为电解质，可以在高温下工作的燃料电池，无须贵金属催化剂，可用的燃料也比较多，燃料中可以含 CO，甚至煤制气也可以作为燃料。由于这类燃料电池可在高温下工作，故很多国家都非常重视发展这类电池技术，如美国、荷兰、日本等。早在 1986 年，美国就用这类电池组装了 5 kW 的电池组。一般来讲，熔融碳酸盐燃料电池包括阳极（燃料电极）、阴极（空气电极）、电解质及隔膜等。目前，我国也在大力发展熔融碳酸盐燃料电池技术，推动国家双碳目标的实现。熔融碳酸盐燃料电池各个组成部分如下：

（1）燃烧电极。

对于熔融碳酸盐燃料电池，燃料在燃料电极燃烧，被氧化，这就要求燃料电极不与燃料发生化学反应，需要燃料电极耐高温性能好，耐熔融碳酸盐腐蚀，在高温时不会发生烧结，同时，还要燃烧电池有很好的导电性能。熔融碳酸盐燃料电池一般采用 Ni 系材料作为燃料电极，如 Ni-Cr、Ni-Co 等。

（2）空气电极。

在熔融碳酸盐燃料电池中，空气电极经常在高温下与氧化气氛接触，故需要其有很好的抗氧化性能。目前，空气电极多采用渗锂的 NiO 材料，它具有较好的导电性能和抗氧化性能。尽管 Ni 基空气电极研究取得了较大的进展，但是目前使用的 Ni 基空气电极性能还不能满足实际应用需要，因此，需要进一步优化熔融碳酸盐燃料电池系统，阻止溶解 Ni 的现象发生。

（3）电解质。

熔融碳酸盐燃料电池电解质主要包括基体材料和熔融碳酸盐两部分，其中电解质有基体型电解质和膏型电解质两种，基体型电解质主要由 $LiAlO_2$ 或 MgO 烧结体组成，而膏型电解质主要由 $LiAlO_2$ 和 ZrO_2 组成。

（4）隔膜。

隔膜是熔融碳酸盐燃料电池的重要组成部分，需要有较好的耐高温和耐高温熔盐腐蚀性能，同时具有较好的离子导电性能。目前一般采用偏铝酸锂薄膜作为隔膜。SUSKI 等人研究了 $LiAlO_2$ 在高温下的相转变，当 MCFC 在 870~970 K 工作时，γ-$LiAlO_2$ 可以用作熔融碳酸盐燃料电池的隔膜，隔膜比较稳定，但电池在更高的温度工作时，$LiAlO_2$ 会发生 $\gamma \to \alpha$ 相的转变。这也解释了熔融碳酸盐燃料电池高温工作一段时间后，隔膜材料中会有 α 相 $LiAlO_2$ 材料出现的原因。

目前，MCFC 技术已经有了较大的发展，但是仍然有一些关键技术需要解决，如阴极溶解、阳极蠕变、熔融碳酸盐电解质对电极双极板材料的腐蚀和电解质流失等问题。

（1）阴极溶解。目前，MCFC 多用渗锂的 NiO 材料作为电池的阴极，但是在电池长期使用过程中，Ni 会溶解到电解质中，造成电池短路，因此，需要解决阴极溶解问题，避免电池在使用过程中短路。

（2）阳极蠕变。MCFC 工作温度较高，在长期使用过程中，阳极会发生蠕变。目前，为了缓解阳极蠕变，研究者经常将 Cr、Al 等元素掺杂到 Ni 阳极中，形成 Ni-Cr 和 Ni-Al 合金，也可以在 Ni 阳极引入非金属化学物，改善阳极的抗蠕变性能。

（3）熔融碳酸盐电解质对电极双极板材料的腐蚀。研究表明，在双极板表面包覆一层 Ni 或 Ni-Cr-Fe 耐热合金或在双极板表面上镀 Al 或 Co，能够有效提高双极板材料抗腐蚀性能。

（4）电解质流失问题。在 MCFC 长期工作过程中，部分电解质会发生流失，其途径如下：阴极溶解；阳极腐蚀；双极板腐蚀；电解质蒸发和迁移等。为了解决电解质流失的问题，研究者经常在极板上设计一些特殊的结构，如沟槽等。

Milewski 等人研究了在阴极上存在较高浓度 SO_2 的熔融碳酸盐燃料电池的控制问题。熔融碳酸盐燃料电池在化石能源发电厂中经常被用作 CO_2 的分离器。化石能源发电会释放 SO_2 气体，从而影响熔融碳酸盐燃料电池的控制，他们系统地研究了 SO_2 气体与熔融碳酸盐燃料电池性能的关系，结果得出存在 SO_2 气体浓度上限，浓度低于 100 ppm（$1\ ppm = 1\times10^{-6}$），不会引起熔融碳酸盐燃料电池电压的即时下降。

4.5.5 固体氧化物燃料电池

（1）SOFC 工作原理。

固体氧化物燃料电池（SOFC）是以固体氧化物为电解质的燃料电池，其主要特点如下：电池是固态结构，无电解质泄漏和腐蚀现象；在高温下工作反应速度较快；燃料选用范围广，除常用的 H_2 和 CO 外，还可以采用多种碳氢化合物。因此，目前，SOFC 是燃料电池中研究者较为关注的电池。SOFC 的工作原理如图 4-6 所示，其电极反应过程如下：

在阴极（空气电极），氧分子得到电子，被还原成氧离子，其反应为

$$O_2+4e^- \longrightarrow 2O^{2-}$$

在阳极（燃料电极），燃料发生氧化反应。采用 H_2 为燃料时，反应为

$$O^{2-}+H_2 \longrightarrow H_2O+2e^-$$

电池的总反应为

$$2H_2+O_2 \longrightarrow 2H_2O$$

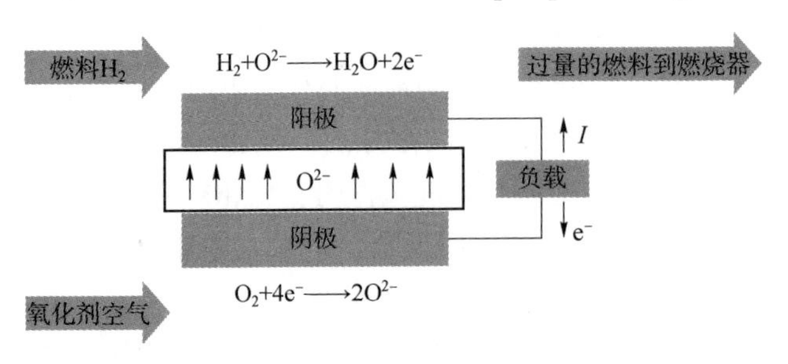

图 4-6　SOFC 的工作原理

视频 12　固体氧化物燃料电池

（2）SOFC 结构。

①电解质材料。

当 SOFC 工作时，电解质在阴极与阳极之间传递氧离子，并且将燃料和氧化剂隔离，因此，只有采用化学稳定性很好的固态电解质材料才能满足要求，在氧化性和还原性气氛中，均不能发生化学反应，而且要求电解质具有较好的离子电导率。固态电解质燃料电池工作温度较高，需要电解质的热膨胀系数与电池其他材料的热膨胀系数相匹配。

掺杂稀土元素 Y 的 ZrO_2（YSZ）材料是 SOFC 中普遍采用的电解质材料，其电导率在 950 ℃下可达 0.1 S/cm。制备 YSZ 粉料方法比较多，如表 4-2 所示，不同方法制备的 YSZ 粉料在性能方面有一些差别，如以共沉淀法制备 YSZ 粉料为例来说明其合成过程：原料是 $ZrOCl_2 \cdot 8H_2O$ 和 Y_2O_3，首先用盐酸溶解 Y_2O_3 得到 YCl_3，然后将 $ZrOCl_2 \cdot 8H_2O$ 和 YCl_3 配制成符合化学计量比的一定浓度的混合溶液，在混合溶液中加入 NH_4OH，生成 $Zr(OH)_4$ 和 $Y(OH)_3$ 沉淀。化学反应方程式如下：

$$ZrOCl_2+2NH_4OH+H_2O \longrightarrow Zr(OH)_4+2NH_4Cl$$

$$YCl_3+3NH_4OH \longrightarrow Y(OH)_3+3NH_4Cl$$

在上述反应过程中，残留的氯化物会使 YSZ 粉料烧结温度提高，在烧结前，一般都要先进行除氯以便降低烧结温度。将前驱体在 800～1 000 ℃煅烧，可以得到平均粒度为 0.5 μm 的 YSZ 细粉。

表 4-2　不同方法制备的 YSZ 粉料特征比较

制备方法	煅烧温度/°C	颗粒度/μm	堆密度（理论密度）/%	比表面积/($m^2 \cdot g^{-1}$)
热煤油法	600	2-20	18	4
柠檬酸法	650	—	5	58
Sol-gel 法	650	1-20	26	32
过氧化物法	600	≤50	38	82
丙酮-甲苯法	650	≤100	32	16
醇盐法	650	—	12	90
氯化物法	650	—	10	123

钙钛矿结构是一种重要的材料结构，可以表示为ABO_3。早在1993年，研究者就发现一些钙钛矿型材料具有较好的导电性能，可以作为SOFC电解质材料，将Sr、Mg等元素掺杂到$LaGaO_3$材料中，展现很好的离子导电性。Lee等人制备Ni-Fe双金属纳米纤维阳极$LaGaO_3S$固态电解质燃料电池，并系统研究了其电化学能量转换性能，在优化的条件下获得1.64 W/cm^2的功率密度。

②阳极材料。

SOFC阳极的作用是为燃料发生电化学反应、实现能量转换提供场所，这就要求阳极材料不易与还原气氛反应，且导电性能较好。对于直接甲烷SOFC，其阳极需要使燃料直接发生氧化反应，在反应过程中，不产生碳。由于SOFC一般在中、高温下正常使用，故需要阳极材料在中、高温下与电池材料热膨胀系数相匹配。因此，SOFC阳极材料在性能方面有以下基本要求：①阳极材料比较稳定，不与燃料中的气体在中、高温下发生化学反应；②在还原气氛中，阳极材料导电性能较好，避免电化学反应过程中的极化，提高能量转换效率；③为了便于加工和应用，阳极材料还要具备强度高、韧性好和成本低的特点。Wang等制备了(Cu,Sm)CeO_2材料，并将其用作SOFC阳极材料。SOFC展现了良好的电化学能量转换性能，当600 ℃时，其功率密度为415.2 mW/cm^2，且电池表现了很好的稳定性，连续工作900 h以后，电池性能没有表现明显的衰减。研究表明，在SOFC中，金属、电子导电陶瓷和混合导体氧化物等均可以作为催化剂，如Ni、Co和贵金属材料等。

③阴极材料。

在燃料电池中，阴极是氧化剂发生还原反应的场所，因此，阴极材料应该具有较好的化学稳定性和导电性。阴极材料必须在SOFC工作过程中与其他材料有较好的相容性和匹配的热膨胀系数；阴极材料在结构上要求多孔，以确保反应活性位上氧气的供应。同时，阴极材料在强度、加工性能和成本方面也要满足要求。Rehman等人报道了电化学沉积$LaCoO_3$纳米纤维燃料电池阴极材料，燃料电池展现了良好的稳定性，在700~800 ℃和1 A/cm^2的电流密度下，燃料电池能稳定工作200 h，且阴极材料结构没有发生明显变化。

(3) 影响SOFC性能的因素。

在组装SOFC过程中，固态电解质YSZ薄膜对电池的性能有重要影响，具体体现在以下两个方面：①在组装SOFC过程中，需要将阴极、电解质和阳极“三合一”组装成一体电池结构，其基本结构包括电解质支撑型和电极支撑型；②薄膜的致密程度对传导氧离子和分隔燃料与氧化剂的性能起决定作用。因此，YSZ薄膜制备技术在SOFC研发中发挥着非常关键的作用。目前，SOFC电解质YSZ薄膜的主要制备方法为两类：沉积法和基于YSZ粉料的制备方法。

沉积法属于湿化学法，是指通过物理方法或化学反应在电极基体上沉积YSZ电解质薄膜前驱体，再进行烧结使其成为致密的薄膜。例如，首先将YSZ粉料分散液制成均匀乳胶液，然后将乳胶液沉积到基体上，接着通过高温烧结形成薄膜，用作SOFC电解质薄膜，这是一种常见的物理方法。Rahmawati等报道了稳定的YSZ电解质薄膜，他们将纳米Y_2O_3通过固相反应引入纳米ZrO_2粉末中，然后将其制成乳胶液，再沉积到基体上，最后烧结制成薄膜。研究表明，这种方法制备的YSZ电解质薄膜保持着ZrO_2晶体结构，且薄膜非常致密，颗粒大小在11.92±1.41 μm，且具有良好的离子导电性。Itagaki等人采用电泳沉积技术制备了 Ni-YSZ 电解质薄膜，他们将 50% Ni-YSZ 作为活性层，而 70% Ni-YSZ 作为收集层组装成燃料电池。70% Ni-YSZ 收集层有较大的孔隙率，以便气体通过，阳极的性能取决于 50% Ni-YSZ 活性层，当活性层在 3 μm 时，SOFC 呈现较高的能量转换效率。Yeh 等人报道了热处理能提高 YSZ 电解质薄膜的离子导电性。他们采用磁控溅射技术制备了 YSZ 薄膜，热处理 YSZ 薄膜能使其离子导电性提高 20 倍，作为固态电解质，燃料电池表现了较好的电化学性能。

制备 SOFC 电解质 YSZ 薄膜的另一类方法是基于 YSZ 粉料的制备方法，即在 YSZ 粉料的基础上获得致密的 YSZ 薄膜，这类方法分为两个步骤：成型和烧结。YSZ 纳米颗粒薄膜生坯密度最高可以达到 50%的理论密度，而在高温烧结后，理论密度可以提高到 95%。Jiao 等采用微波烧结技术制备了致密的 YSZ 薄膜，并将其用作燃料电池的电解质。微波烧结技术降低了 YSZ 薄膜烧结温度，燃料电池可以在 650～800 ℃工作，表现较好的电化学能量转换性能。

在 YSZ 薄膜中，离子导电主要依靠氧离子在氧空位中的迁移而实现，因此 YSZ 薄膜中氧空位的数量非常重要，同时还受其他因素的影响，如掺杂浓度、温度、气氛和晶界等。Zhang 等研究了 YSZ 材料中氧空位的动力学，无论是在块体材料中，还是在薄膜材料中，氧空位在 YSZ 材料中具有类似的动力学过程，主要是由于晶格中离子之间的相互干扰，YSZ 材料离子导电能力与氧空位浓度、迁移率等因素紧密相关。

实际上，YSZ 材料中离子导电能力还与 Y^{3+} 的掺杂浓度有关，材料中 Y^{3+} 浓度较低，会使缺陷复合体之间的平均距离过大，而氧空位均被限制在缺陷复合体中，YSZ 材料导电性较差。随着 Y^{3+} 浓度增大，氧空位的浓度也会增加，缺陷复合体互相交叠，离子有效浓度和跃迁路径增加，从而就提升了材料的导电性能。若 Y^{3+} 浓度进一步增大，会引起缺陷的二重复合，降低有效载流子浓度，减少离子跃迁路径增加，使材料的导电性能变差。因此，在制备 YSZ 材料作为 SOFC 电解质，随 Y_2O_3 掺杂浓度增大，YSZ 的电导率会出现最大值。实际应用中，当 Y_2O_3 掺杂浓度处在使 YSZ 的导电性能较好的掺杂量时，可以提高燃料电池的能量转换效率。要使 SOFC 有稳定的电化学性能，需要 YSZ 的电导率受氧分压的影响较小，在 SOFC 正常工作的状态下，YSZ 电导率在较宽的氧分压范围内不受影响。若在更低的氧分压下，氧分压对 YSZ 电导率的影响就会变得显著。

在 ZrO_2 中加入稀土元素，使二者形成稀土氧化物或固溶体，也能提升其电导率。如表 4-3 所示，将这些稀土金属氧化物掺杂到 ZrO_2 中，如掺杂 10% Sc_2O_3，复合材料有较高的电导率和较低的活化能。Agarkov 等报道了 Sc_2O_3 和 CeO_2 掺杂 ZrO_2 材料的结构和迁移性能。研究表明，当掺杂量在 10%以上时，ZrO_2 材料呈立方和斜方六面体，当掺杂量在 10%以下时，ZrO_2 材料立方相和四方相共存，把 Ce 加入$(ZrO_2)_{1-x}(Sc_2O_3)_x$体系中，能显著地提高复合材料的高温离子导电性能。当 Ce 的掺杂量保持不变，复合材料的高温离子导电性能随 Sc 掺杂量增加而增加；但是若 Sc 的掺杂量较大，会存在烧结致密化温度过高、原材料价格过高等问题，这些问题限制了 Sc 掺杂 ZrO_2 材料在 SOFC 中应用。在实际的应用中，Y_2O_3 掺杂的 ZrO_2 材料在 SOFC 中最常见，即 YSZ 是高温 SOFC 中最普遍采用的电解质材料。为了优化 YSZ 和 ZrO_2 材料的性能，研究者采用了不同技术，如修饰 ZrO_2 材料，通过调控 YSZ 和 ZrO_2 材料的界面来获得更高电导率。

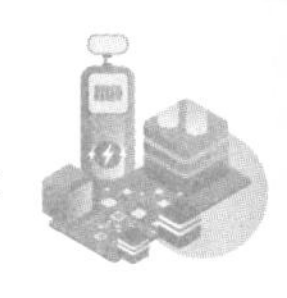

表 4-3　不同稀土氧化物稳定的 ZrO_2 的电导率数据

稳定剂	掺杂量/%	电导率（1 000 ℃）/($\times10^{-2}$ S·cm^{-1})	活化能/(kJ·mol^{-1})
Nd_2O_3	15	1.4	104
Sm_2O_3	10	5.8	92
Y_2O_3	8	10.0	96
Yb_2O_3	10	11.0	82
Sc_2O_3	10	25.0	62

为了实现 YSZ 电解质更广泛的应用，需要进一步提高 YSZ 的离子电导率，降低其正常工作温度。

除 ZrO_2 材料之外，还有其他的萤石结构材料可以作为 SOFC 电解质，如 δ-Bi_2O_3、CeO_2、ThO_2 和 HfO_2 等，在相同的条件下，其电导率的顺序为 δ-Bi_2O_3>CeO_2>ZrO_2> ThO_2>HfO_2。这些材料中，虽然 δ-Bi_2O_3电导率最高，但是其在高温下结构不稳定，会发生相变，故不常用 δ-Bi_2O_3作为 SOFC 电解质。此外，为了发挥其作为 SOFC 电解质薄膜导电性能好的优点，需要进一步提高其结构稳定性。

（4）SOFC 类型。

根据 SOFC 组装特征，SOFC 类型包括平板型、管型等类型。对于平板型 SOFC 而言，其核心部件是膜电极“三合一”组件，但是如何保持在较高的工作温度（1 000 ℃）下膜电极与双极板很好地结合是技术难题。在这些技术难题很好地解决之前，人们降低了平板型 SOFC 的工作温度，使其在 600～800 ℃工作，缓解了膜电极与双极板很好的结合问题。因此，目前研究者比较关注中温燃料电池的开发，如西门子公司研究发展 YSZ 电解质膜支撑型的平板型 SOFC，并组装了 20 kW 的电池系统。

另一种重要的 SOFC 类型是管型，这类 SOFC 比较容易采用并联、串联方式集成管束，用于建立高效分散电站。美国西屋公司设计和组装了管型 SOFC，首先采用挤压成型技术制备氧化锆多孔支撑管，然后将 LSM 空气阴极、YSZ 电解质膜和 YSZ-Ni 陶瓷阳极制备到多孔支撑管上，SOFC 呈现良好的能量转换性能。在前期的技术上，他们发展了自支撑结构的 SOFC，降低了燃料电池的制造成本，同时，电池的性能也得到了较大的改善，单管输出功率也由原来的 4 W 提高到 10 W。Panthi 等人报道了管型 SOFC，将 H_2 和 N_2 的混合气体作为燃料，O_2 作为氧化剂，在 800 ℃、750 ℃和 700 ℃时，其输出最大功率分别是 7 W/cm^2、0.36 W/cm^2 和 0.27 W/cm^2，展现了良好的电化学能量转换性能。Suzuki 等人设计了板-管型 SOFC，采用 NiO-YSZ 作为阳极，(La,Sr)(Fe,Co)O_3-CeO_2 作为阴极，氧化钪掺杂 ZrO_2 作为电解质，在优化条件下，呈现的电池功率密度为 0.385 W/cm^2。

思　考　题

1. 简述燃料电池的工作原理和结构。
2. 氢气燃料电池在哪些应用领域具备应用优势，主要不足及可能的改进方法有哪些？

3. 如何改善固体氧化物燃料电池电解质的稳定性?

4. 收集一些燃料电池使用案例，展望燃料电池未来的应用。

参考文献

[1] ASAZAWA K, YAMADA K, TANAKA H, et al. Platinum-free zero-carbon-emission easy fuelling direct hydra-zinefuel cell for vehicles [J]. Angewandte Chemie, 2007, 119 (42): 8170-8173.

[2] MA L, CAI W, LI J, et al. A high performance polyamide-based proton exchange membrane fabricated via construction of hierarchical proton conductive channels [J]. Journal of Power Sources, 2016 (302): 189-194.

[3] LUO H, VAIVARS G, MATHE M. Double cross-linked polyetheretherketone proton exchange membrane for fuel cell [J]. International Journal of Hydrogen Energy, 2012, 37 (7): 6148-6152.

[4] KOCHER K, HACKER V. Polyaniline/platinum composite cathode catalysts towards durable polymer electrolyte membrane fuel cells [J]. Chemistry Open, 2020, 9 (11): 1109-1112.

[5] ZHOU F, YAN Y, GUAN S, et al. Solving Nafion poisoning of ORR catalysts with an accessible layer: Designing a nanostructured core-shell Pt/C catalyst via a one-step self-assembly for PEMFC [J]. International Journal of Energy Research, 2020, 44 (13): 10155-10167.

[6] FAN J, CHEN M, ZHAO Z, et al. Bridging the gap between highly active oxygen reduction reaction catalysts and effective catalyst layers for proton exchange membrane fuel cells [J]. Nature Energy, 2021, 6 (5): 475-486.

[7] ZENG Z, SONG R, ZHANG S, et al. Biomimetic N-doped graphene membrane for proton exchange membranes [J]. Nano Letters, 2021, 21 (10): 4314-4319.

[8] KIM M, YU H N, LIM J W, et al. Bipolar plates made of plain weave carbon/epoxy composite for proton exchange membrane fuel cell [J]. International Journal of Hydrogen Energy, 2012, 37 (5): 4300-4308.

[9] YU H N, LIM J W, KIM M K, et al. Plasma treatment of the carbon fiber bipolar plate for PEM fuel cell [J]. Composite Structures, 2012, 94 (5): 1911-1918.

[10] CHEN X, ZHANG Z, SHEN J, et al. Micro direct methanol fuel cell: Functional components, supplies management, packaging technology and application [J]. International Journal of Energy Research, 2017, 41 (5): 613-627.

[11] PAUL T, BANERJEE D, KARGUPTA K. Conductivity of phosphoric acid: An in situ comparative study of proton in phosphoric acid fuel cell [J]. Ionics, 2015 (21): 2583-2590.

[12] LU C L, CHANG C P, GUO Y H, et al. High-performance and low-leakage phosphoric acid fuel cell with synergic composite membrane stacking of micro glass microfiber and nano PTFE [J]. Renewable Energy, 2019 (134): 982-988.

[13] MILEWSKI J, FUTYMA K, SZCZEŚNIAK A. Molten carbonate fuel cell operation under high concentrations of SO_2 on the cathode side [J]. International Journal of Hydrogen Ener-

gy, 2016, 41 (41): 18769-18777.

[14] BARON R, WEJRZANOWSKI T, SZABŁOWSKI Ł, et al. Dual ionic conductive membrane for molten carbonate fuel cell [J]. International Journal of Hydrogen Energy, 2018, 43 (16): 8100-8104.

[15] CHEN S, GU D, ZHENG Y, et al. Enhanced performance of NiO-3YSZ planar anodesupported SOFC with an anode functional layer [J]. Journal of Materials Science, 2020, 55 (1): 88-98.

[16] ZHANG Y, CHEN C, LIN X, et al. CuO/ZrO_2 catalysts for water-gas shift reaction: Nature of catalytically active copper species [J]. International Journal of Hydrogen Energy, 2014, 39 (8): 3746-3754.

[17] RAHMAWATI F, ZUHRINI N, NUGRAHANINGTYAS K D, et al. Yttria-stabilized zirconia (YSZ) film produced from an aqueous nano-YSZ slurry: Preparation and characterization [J]. Journal of Materials Research and Technology, 2019, 8 (5): 4425-4434.

[18] YEH T H, LIN R D, CHERNG J S. Significantly enhanced ionic conductivity of yttria-stabilized zirconia polycrystalline nano-film by thermal annealing [J]. Thin Solid Films, 2013 (544): 148-151.

[19] JIAO Z, SHIKAZONO N, KASAGI N. Performance of an anode support solid oxide fuel cell manufactured by microwave sintering [J]. Journal of Power Sources, 2010, 195 (1): 151-154.

[20] ZHANG Y, YANG Z. Resistance to sulfur poisoning of the gold doped nickel/yttria-stabilized zirconia with interface oxygen vacancy [J]. Journal of Power Sources, 2014 (271): 516-521.

[21] AGARKOV D A, BORIK M A, BUBLIK V T, et al. Structure and transport properties of melt grown Sc_2O_3 and CeO_2 doped ZrO_2 crystals [J]. Solid State Ionics, 2018 (322): 24-29.

[22] LEE S, PARK J H, LEE K T, et al. Anodic properties of Ni-Fe bimetallic nanofiber for solid oxide fuel cellusing $LaGaO_3$ electrolyte [J]. Journal of Alloys and Compounds, 2021 (875): 159911.

[23] WANG Z, WANG Y, QIN D, et al. Improving electrochemical performance of (Cu,Sm)CeO_2 anode with anchored Cu nanoparticles for direct utilization of natural gas in solid oxide fuel cells [J]. Journal of European Ceramic Society, 2022, 42 (7): 3254-3263.

[24] REHMAN S, SONG R H, LIM T H, et al. Parametric study on electrodeposition of a nanofibrous $LaCoO_3$ SOFC cathode [J]. Ceramic International, 2021, 47 (4): 5570-5579.

[25] PANTHI D, HEDAYAT N, WOODSON T, et al. Tubular solid oxide fuel cells fabricated by a novel freeze casting method [J]. Journal of America Ceramic Society, 2020, 103 (2): 878-888.

[26] SUZUKI T, YAMAGUCHI T, SUMI H, et al. Evaluation of micro flat-tube solid-oxide fuel cell modules using simple gas heating apparatus [J]. Journal of Power Sources, 2014 (272): 730-734.

第 5 章　氢能材料与器件

5.1　氢能概述

5.1.1　氢的基本性质

氢是目前发现的最轻的元素，其原子序数是 1，是元素周期表中 1 号元素，它也是密度最小的气体，无色、无味、无毒。氢气可以在超低温高压下转化成液态，氢占太阳大气的 81at%（原子百分率），是自然界中普遍存在的元素，而且氢能可以高效地转化成其他形式的能量，它是一种重要、清洁的二次能源，可以同时满足资源、环境和能源的可持续性发展要求。高效的制备和存储氢气技术是发展低碳经济不可或缺的重要技术。

氢的特点如下：

（1）燃烧值高，在通常情况下，约是焦炭的 4.5 倍；

（2）容易燃烧，在空气中可广泛燃烧，其燃烧的速度也较快；

（3）热导率高，燃烧释放的热量可以被较快地传递，其导热系数是其他气体的 10 倍左右，可以作为很好的传热载体；

（4）无毒，燃烧后生成水，清洁、不污染环境，这与其他化石燃料、化工燃料和生物燃料不同，生成水的过程不会产生碳氧化物、氮氧化物和硫化物等对环境有害的气体，而且生成的水又可以循环使用制成氢气；

（5）利用氢气的形式是多种多样的，它既能燃烧生成热，也可以作为燃料电池的燃料；

（6）可以以气态、液态和固态的形式存在，能适应存储和应用的多种环境，如氢能汽车、国防和航空航天、燃料电池和燃烧氢气发电等领域。

5.1.2　氢能典型的应用领域

（1）氢能汽车：随着汽车技术的发展，一些汽车生产公司将氢能作为汽车的动力源，成功制造了氢能汽车。目前，氢能汽车主要有两种类型：一种是在内燃机中，将氢气燃烧释放的热能转化成动能，驱动汽车移动；另一种是结合燃料电池技术，将氢能作为燃料电池的

燃料，将氢气发生电化学反应释放的化学能转化成电能，进一步转化成动能，即氢燃料电池汽车。

（2）国防和航空航天：早在20世纪40年代，氢作为液体推进剂被用作火箭发动机的动力源。特别是1970年，人类第一次登上月球的“阿波罗”登月飞船也是采用液态的氢作为燃料，同时，这也极大地推动了氢能在航空航天技术的发展。目前，包括我国发射的神舟系列火箭，将载人飞船送入太空，都是采用氢作为燃料。

（3）燃料电池：在燃料电池中，采用氢作为燃料可以获得能量转化效率较高的燃料电池，其能量转换效率可达60%~80%。

（4）燃烧氢气发电：氢气的燃烧值比较高，利用氢气和氧气燃烧组成发电机组，可以用于发电。

5.1.3　氢能利用的关键问题

随着科学技术和相关产业的迅速发展，氢能正广泛用于能源、航天、冶金等领域，但是要使氢能大规模应用，需要解决氢能技术面临的几个关键问题：

（1）目前，产氢效率较低，还不能较大范围满足科技发展的需要，大规模、廉价的制氢技术是科学家和工业界共同关注的问题；

（2）安全可靠的储氢和输氢技术，还不能满足当代科技发展的需要。如氢易汽化、着火，存储和运输过程中容易出现安全问题，妥善解决氢能存储和运输的安全问题也是开发氢能技术的关键问题；

（3）高效、稳定、长寿命的燃料电池发电系统的研发，以及提升氢能进一步利用的市场空间和商业化水平。为此，对氢能制备、存储及利用，以及燃料电池等关键技术、关键材料和未来发展方向进行重点研究是非常有必要的。

在碳中和背景下，大力发展氢能技术有助于减缓环境污染，减少温室气体排放，早日实现碳达峰、碳中和目标。目前，首要考虑的是发展廉价制氢技术，其次是发展氢气的存储技术，由于氢是最轻的元素，在存储过程中安全非常重要，它比其他液体和气体燃料，更容易泄漏。

5.2　氢气制备技术

作为一种新能源材料，氢气有非常多的优势和广阔的应用前景。发展大规模廉价制备氢气的技术，已经是国际科学和产业界关注的热点，除了传统的制备氢气技术，目前也已经开发出多种制备氢气的技术，如光解水制氢、生物制氢技术等。

5.2.1　石化燃料制氢

（1）煤制氢。

煤制氢，即以煤为原料制备氢气，其本质是用煤中的C置换H_2O中的氢，生成H_2和

CO_2，其化学反应为 $C+2H_2O \longrightarrow CO_2+2H_2$。目前，主要的方法有两种：一种是将煤焦化，在隔绝空气的环境中，高温制备焦炭，然后用焦炭还原水中的氢，但采用这种技术制备的氢气纯度较低，一般为多种气体的混合物，通常情况下，氢气占55%~60%，甲烷占3%~7%，CO占5%~8%；另一种方法是将煤汽化，采用汽化炉将煤汽化，高温下，煤与水蒸气或氧气等发生反应转化成气体产物，这种技术制备的气体也是混合物，包括CO、H_2 和 CH_4等气体。煤汽化条件包括汽化炉、汽化剂和热量供给。

煤汽化制氢主要反应是高温下煤中的碳和水发生热化学反应，其反应过程如下：

$$C+H_2O \longrightarrow CO+H_2$$

$$CO+H_2O \longrightarrow CO_2+H_2$$

总反应：

$$C+2H_2O \longrightarrow CO_2+2H_2$$

Liu等系统地比较了地下煤汽化和地表煤汽化制氢的能耗和温室气体的排放性质。他们采用全生命周期的方法，广泛地研究了两类煤汽化制氢的能耗和温室气体的排放量，得出地下煤汽化的能耗为地表煤汽化能耗的61.2%，而它们温室气体的排放量相当，显然采取地下煤汽化制取氢气更为节能。数据分析显示，如采用地下煤汽化制氢代替地表煤汽化制氢，能耗整体上会降低38.8%，这是符合我国环保要求的，因此，需要推动发展地下煤汽化制氢技术。他们还系统地研究了不同条件下，地下煤汽化制氢的能耗，采用地下煤汽化技术，其有效能量转换效率为40.48%，随着气体中 H_2O 和 O_2 的比例增大，有效能量转换效率也增大。

Li等人研究了再生煤汽化制氢技术。他们分焦化和蒸气汽化两个步骤将再生煤汽化，通过热化学反应，15%~20%的能量转化成化学能，可再生煤制氢的能量有效转换效率为58.9%，气体的成分通过固定反应床进行研究，包括合成燃气、氢气和蒸气。Aziz报道了化学循环褐煤汽化制氢技术，系统地研究了汽化过程中的能量转换和产氢效率。在化学循环反应中，Fe_2O_3作为O源，而甲苯是氢气产生反应过程中的有机物，在优化工艺条件下，H_2 的产生效率为71.4%。他们的研究促进了煤汽化制氢技术，为制氢提供了新的技术途径。

（2）天然气制氢。

天然气的主要成分是甲烷（CH_4），采用甲烷为原料制备氢气主要有两种途径：①天然气蒸气转化制氢，其反应方程式为 $CH_4+2H_2O \longrightarrow CO_2+4H_2$，这种方法制备氢气会产生大量的 CO_2 气体；②裂解 CH_4制备氢气，这种制备方法获得 H_2 的同时，生成大量的固体C，避免了向大气排放 CO_2 气体，不会对环境造成污染。

Chen等报道了二维纳米胶粘剂沉淀法制备氢气的技术。通过直接沉积二维碳作为胶粘剂，在制氢的过程中，有效地缓解了制氢过程中碳的释放，实现了自然界中气体和氢气的直接转换，胶粘剂起黏结的作用，大幅地降低了制氢的成本。用这类技术制氢，可以代替目前世界上很多国家采用的蒸气甲烷重组技术，以实现绿色制氢技术的广泛应用。如果将该技术与 CO_2 捕获技术相结合，就能使制氢过程中 CO_2 的排放量更低，该技术为绿色制氢技术的发展提供了重要的参考。You等人研究了风能和天然气与供氢系统结合在一起的经济、环境和社会影响。他们从氢能制备、运输和分散方面系统地研究了与风能和天然气的结合技术，风能和天然气可以极大地促进氢气绿色制备技术的发展；分别研究了风能制氢技术、天然气制氢技术和将二者集成在一起的制氢技术，用全生命周期的方法分析了氢能的循环，发现将风能、天然气制氢技术集成在一起，能降低氢能成本，有利于环境保护。Nazir等报道了气体切换重整技术可以降低制氢成本。与传统的蒸气甲烷重组技术类似，气体切换重整技术将

水蒸气迁移和压力转换吸附相结合，用以制备氢气，这样可以使制氢过程中96%以上的 CO_2 气体被捕获，该技术使用了一些电力代替燃料，如果能根据制氢成本平衡区域燃料和电力，气体切换重整技术制氢是非常有吸引力的制氢技术，在这项技术的设备中，只是通过设备附件来实现 CO_2 气体捕获。

5.2.2　水分解制氢

（1）电解水制氢。

水电解制氢是一种重要的制氢技术，它是在导电的水中通电，将水分解成 H_2 和 O_2 的过程，化学反应如下：

阴极：$2H_2O+2e^- \longrightarrow H_2+2OH^-$

阳极：$4OH^- \longrightarrow O_2+2H_2O+4e^-$

总化学反应式：$2H_2O \longrightarrow 2H_2+O_2$

这种方法操作比较简单，获得的氢气纯度较高，但是需要消耗电能。目前，电解水制氢的电解槽主要有两类：一类是压滤式复极结构；另一类是箱式单极结构。在制备氢气时，电解槽的电压一般在1.8~2.0 V，制取1 m^3氢气能耗在4.0~4.5 kW·h。为了获得比较纯净的氢气，在电解槽结构设计上，可以将阴极和阳极用隔膜分成阴极室和阳极室，生成的 H_2 和产生的 O_2 可以用导气管导出。在电解水制氢的电解槽中，其隔膜一般选用Ni丝为衬底骨架的石棉。常压下，电解水制氢的效率在70%左右。实验表明，适当增加气压，有助于提高电解水制氢的效率。目前，电解水制氢通常在3~5 MPa下进行。Ma等人通过引入有机质子过渡物质（芘-4,5,9,10-四酮），降低分离水中H和O的势垒。采用芘-4,5,9,10-四酮作为有机质子过渡物质，直接混合到电解液中，能够较好地实现 H_2 和 O_2 的分离，而且避免了使用膜负载有机质子过渡物质，减少了制氢的成本，是较为有潜力的水分解制氢技术。Carmona-Martínez等人研究了双电解槽盐水持续制氢技术，他们在阳极引入生物质薄膜来提高产氢效率，优化条件下，产氢效率提高了14%。

（2）高温分解水蒸气制氢。

水的直接分解需要2 227 ℃的高温，工程难度比较大，成本较高，不易实现。一般情况下，为了降低分解温度，采用多步热化学反应制氢，反应过程如下：

$$H_2O+X \longrightarrow XO+H_2$$

$$XO \longrightarrow X+1/2O_2$$

$$2H_2O \longrightarrow 2H_2+O_2$$

通过多步化学反应实现水分解制氢，X是中间媒介，只参与化学反应过程，但在整个化学反应中，并不消耗，它只是改变了整个化学反应路径，起催化剂的作用。常见的高温分解水蒸气制氢的催化剂是卤族化合物。

采用高温分解水蒸气制氢需要注意压力和温度的影响。

压力：高温分解水蒸气制氢是体积增大的反应，反应过程中压力过大，不利于转化反应进行，转化率会降低。因此，该技术要解决好压力与制氢效率的问题。

温度：温度是高温分解水蒸气制氢重要的技术参数，提高温度，有利于生成氢气的反应进行，也能使氢气的生成速度提高，然而，在高温下，要求反应器的材质不与氧气和氢气反

应，同时反应，能耗高，因而不能通过无限度地提高温度来加快高温分解水蒸气制氢的速度和转化率。Li 等系统地研究了高温汽化农业废水制氢过程，在反应流化床上采用 CaO 材料提高产氢效率。CaO 材料充当催化剂和 CO_2 气体的吸附剂，明显地增加了 H_2 在混合气体中的浓度，降低了 CO 和 CO_2 的浓度。当温度为 500 ℃时，CO_2 的吸收可以提高产氢效率，当温度升高至更高的温度时，CaO 材料对产氢效率的影响更加明显。Kuo 等系统地分析了 CaO 材料对两段流化床汽化制氢过程的影响。在这类制氢技术中，第二步中 CaO 材料对产氢效率影响更为明显。

（3）生物质制氢。

生物质资源丰富，也可以用于制备氢气。采用生物质制氢，一般有两个途径：生物质汽化制氢和微生物制氢。

生物质汽化制氢，该途径一般先将生物质原料放入汽化炉中进行相应的化学反应，生成气体，此时的气体为含氢气的混合气体。在生物质原料进行的化学反应中，采用催化剂使碳氢化合物与水蒸气反应，生成 H_2 和 CO_2。目前，国内外研究人员在生物质汽化制氢技术方面进展较大，可制得含氢量达 10%的混合气体。实验表明，生物质在超临界水中制备氢气，其汽化率可达 100%，制备的气体中，含氢量高达 50%，生成的副产物也少，具有较为广阔的应用前景。

生物质制氢的另一个途径是微生物制氢，即采用微生物发酵催化反应制备氢气，进行营养微生物产氢或光合微生物产氢。营养微生物产氢的基质是各类碳水化合物，发酵过程中产生氢气，该工艺中影响产氢效率的因素有温度、pH 值和压力等。例如，厌氧细菌分解有机物制氢技术。

目前微生物发酵面临着一些问题：①产氢效率较低，需要进一步选择产氢效率较高的菌株，并提高其稳定性；②需要优化制氢过程，提高产氢效率；③需要研发多种底物发酵制氢；④通过高新技术基因工程等研发高效发酵菌种。

Wang 等总结了用于生物发酵制氢的材料，通过生物发酵农业废弃物，不仅可以保护环境，也可以制备清洁的 H_2。然而，生物质制氢当前面临的技术瓶颈是产氢效率较低，只有大幅地提高产氢效率，才能使生物制氢技术得到广泛的应用。

5.2.3 光催化制氢

太阳能是取之不尽的能源，如果能充分利用太阳能制氢，其制氢前景将不可估量。因此，人们不断地探索利用太阳能制氢技术，主要包括光催化制氢、直接热分解制氢和热化学分解制氢等技术。

5.2.3.1 半导体光催化制氢

1. 半导体光催化制氢原理

20 世纪 70 年代光催化技术开始发展以来，已开发了不同的半导体材料用于光催化制氢，其原理是通过半导体材料吸收太阳光，然后将光能转化成氢能。一般情况下，光催化制氢是在一定化学反应环境中通过化学电池来实现的，电池的阳极吸收太阳光，产生光生电子-空穴对，光生电子通过电解质流向外电路，最后到达阴极，而水中的质子在阴极上与电

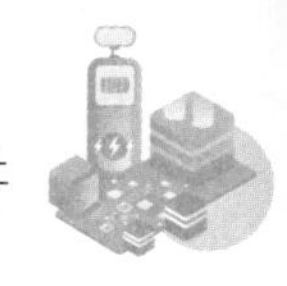

子结合，产生氢气，其原理如图 5-1 所示。

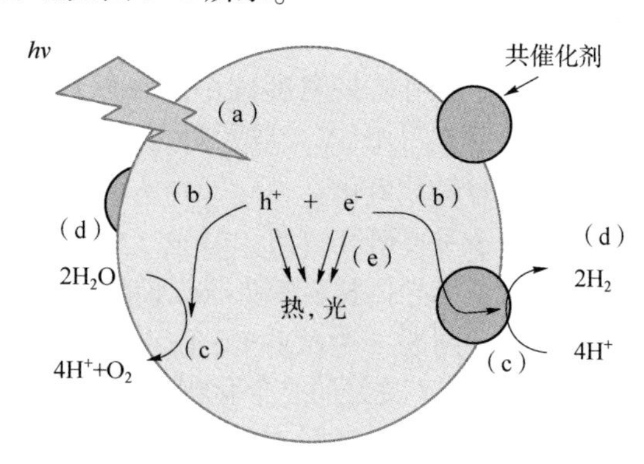

图 5-1　光催化制氢原理

(a) 光吸收；(b) 电荷转移；(c) 氧化还原反应；(d) 吸附、脱附；(e) 电荷复合

光催化制氢能否进行或效率如何与以下因素紧密相关：①半导体材料的光吸收能力和导带电位；②光生电子-空穴对的数量；③光生电子-空穴对的分离、寿命；④结合及逆反应抑制等。因此，要发展光催化制氢技术就要构筑有效的光催化材料，使其能高效地催化水分解反应，从而产生更多的氢气。

2. 半导体光催化制氢条件

目前已经开发出多种用于光催化制氢的半导体材料，其共性如下：①结构和性能稳定性高；②禁带宽度要比水的分解电压（1.23 V）大；③能带位置要与氢和氧的反应电势相匹配；④导带位置要低于氢的反应电动势；⑤价带的位置要高于氧的反应电动势；⑥能高效吸收太阳光中绝大多数光子。

大多数半导体的禁带宽度较大，只能吸收太阳光中波长较短的紫外光，这是许多半导体材料不能直接进行光催化制氢的原因。如 TiO_2 和 ZnO 材料，它们的禁带宽度大于 3.0 eV，只能吸收紫外光和近紫外光，导致光催化制氢的效率较低。图 5-2 为锐钛矿（Rutile）和金红石（Anatase）TiO_2 的带隙结构、TiO_2（111）的原子结构和电子结构。

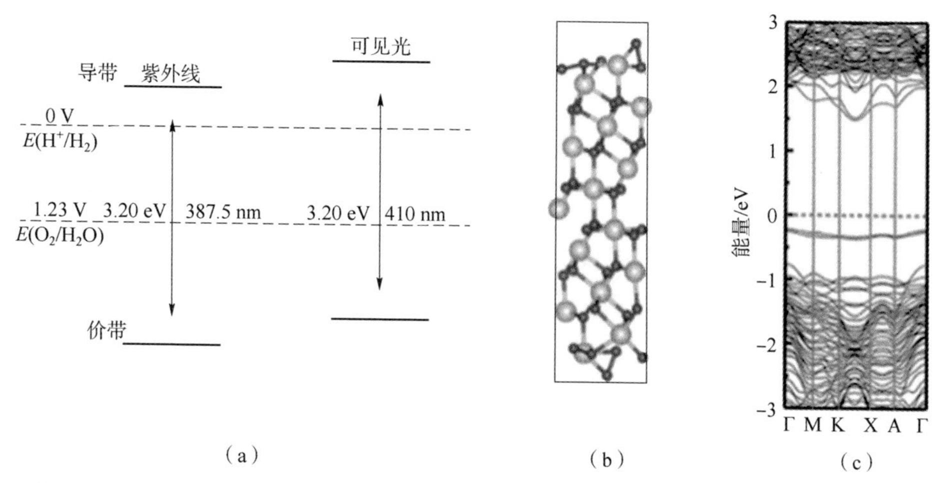

图 5-2　锐钛矿（Rutile）和金红石（Anatase）TiO_2 的带隙结构、TiO_2（111）的原子结构和电子结构

(a) TiO_2 的带隙结构；(b) TiO_2（111）的原子结构；(c) TiO_2（111）的电子结构

为了提高光催化制氢的效率，研究者通过开发新型的催化材料、减少材料的禁带宽度等方法实现。一方面，采用能带工程技术调节禁带宽度较大半导体的能带宽度，使其禁带宽度处在 1.3~3.0 eV。另一方面，直接采用禁带宽度较小的半导体材料进行光催化制氢，如 CdS、CdSe 等，它们的禁带宽度在 1.3~3.0 eV，与太阳光谱的可见光比较匹配。但是研究结果表明，这些材料稳定性较低，容易被氧化。

目前，光催化制氢的发展有两个重要研究方向：第一，利用负载、掺杂和复合等手段对已经开展的半导体材料进行改性，使半导体材料的吸收光谱移动到可见光区域，以便更好地利用可见光，提高光催化产氢效率。图 5-3 为负载 $Pt-TiO_2$ 纳米材料光催化制氢性能。采用纳米 TiO_2 材料负载 Pt 纳米颗粒，展现了较好的光催化制氢的性能，只是 Pt 是贵金属，会提升光催化制氢的成本。第二，开发新型的可见光半导体光催化制氢材料。目前，材料制备技术已取得很大进展，半导体材料的发展日新月异，为开发新型半导体材料提供了空间，也为光催化制氢技术发展带来光明的前景。

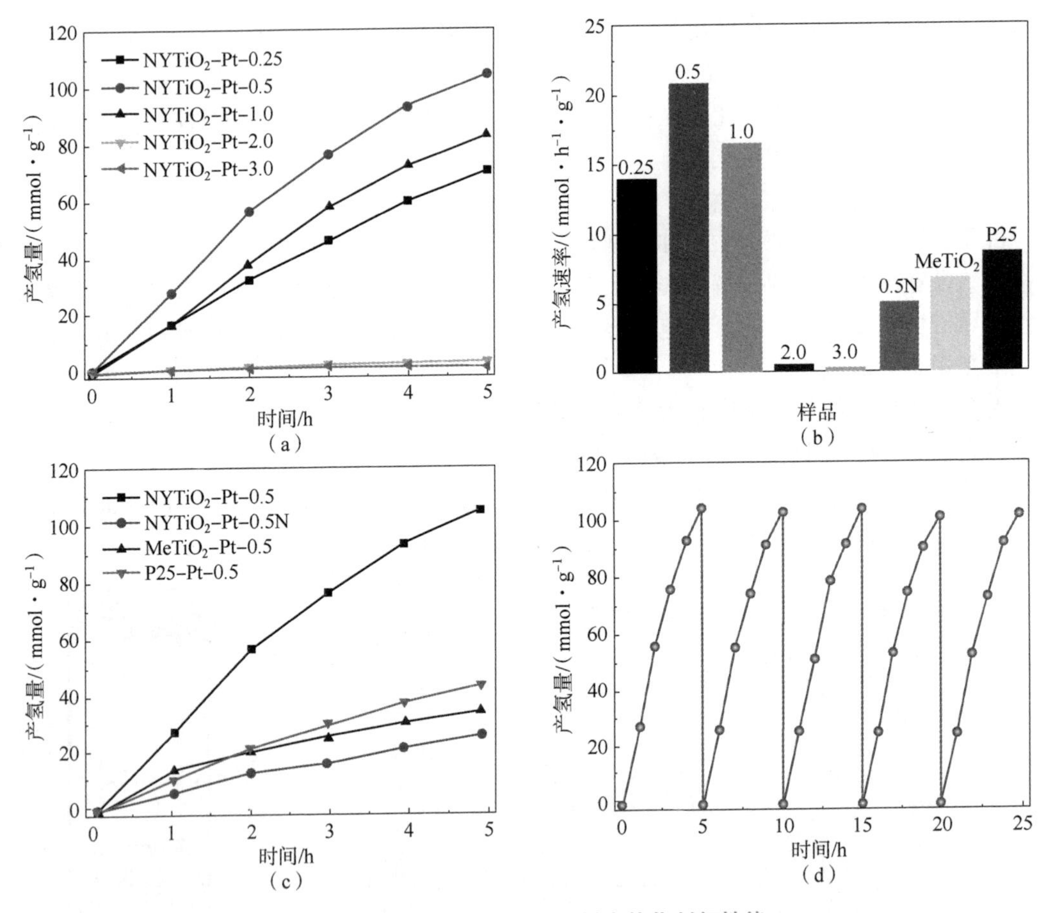

图 5-3　负载 $Pt-TiO_2$ 纳米材料光催化制氢性能

(a) 样品 $NYTiO_2-Pt$ 的产氢量；(b) 样品的产氢速率；(c) Pt 含量相同的不同样品的产氢量；(d) 样品 $NYTiO_2-Pt-0.5$ 的产氢循环性能

3. 半导体光催化制氢主要过程

光催化制氢在利用光化学分解水制氢，其制氢主要过程可以分为光化学反应、热化学反

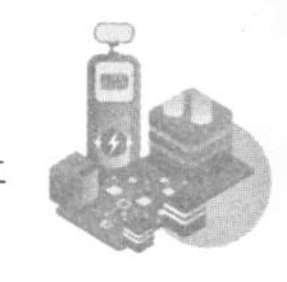

应和电化学反应过程，其反应过程如下：

光照半导体材料产生光生电子-空穴对：$TiO_2+hv \longrightarrow h_{VB}^{+}+e_{CB}^{-}$

视频 13 光解水制氢的主要过程

载流子被捕获的过程：$h_{VB}^{+}+Ti^{IV}OH \longrightarrow [Ti^{IV}OH \cdot]^{+}$

$e_{CB}^{-}+Ti^{IV}OH \longrightarrow Ti^{III}OH$ 轻度捕获

$e_{CB}^{-}+Ti^{IV} \longrightarrow Ti^{III}$ 深度捕获

光生电子、空穴复合：$e_{CB}^{-}+h_{VB}^{+} \longrightarrow hv$

$e_{CB}^{-}+[Ti^{IV}OH \cdot]^{+} \longrightarrow Ti^{IV}OH$

$h_{VB}^{+}+Ti^{III}OH \longrightarrow Ti^{IV}OH$

电荷表面的转移：$e_{TR}^{-}+Ox \longrightarrow Ti^{IV}OH+[Ox \cdot]^{-}$

$[Ti^{IV}OH \cdot]^{+}+Red \longrightarrow Ti^{IV}OH+[Red \cdot]^{-}$

上述过程化学反应的速率不同，如光照半导体材料产生光生电子-空穴对的时间在飞秒级，而光生电子、空穴复合在皮秒级，整个光催化制氢过程最重要的反应是载流子被捕获，且发生析氢和析氧的过程。因此，减少光生电子、空穴的复合尤为重要。例如，Solakidou 等构筑了 $CdS/Pt-N-TiO_2$ 纳米结构，并将其用于光催化制氢，展示了良好的水解制氢性能。在 TiO_2 中掺杂 N 元素可提高产物的光催化制氢性能，其原因是掺杂 N 元素能使光生电子通过 Pt 更容易到达 CdS 的价带。Wang 等研究了吸附 Au 的纳米团簇 TiO_2 纳米管光催化制氢性能，Au 的纳米团簇拓宽了 TiO_2 纳米管对光的吸收范围，使其可以吸收可见光形成光生载流子，提高光催化产氢效率。

5.2.3.2 复合半导体光催化制氢

目前，采用单一的半导体材料用于光催化制氢虽然取得了很大进展，但是仍然面临一些问题，如大多数半导体材料只在紫外光范围内稳定有效，而在可见光光谱区域的催化活性较低。很多研究者已经开始研究复合半导体材料光催化制氢，将两种或两种以上的半导体材料复合，充分利用多种半导体材料各自的优势，优化复合半导体材料的能带结构，使其与太阳光光谱相匹配，增加可见光的利用率，提高光催化制氢的效率。在设计用于光催化制氢的复合半导体材料时，需要根据太阳光光谱来设计半导体材料的禁带宽度，因此，设计复合半导体催化材料要综合考虑材料的禁带、价带和导带位置，以及材料晶型的匹配等因素，最终使半导体材料可以高效地催化制氢。不同半导体的价带和导带相连时，由于禁带宽度不同在光照条件下会影响光生电子的转移。若窄禁带半导体的导带比基体具有更低的电势，在可见光的照射下，光生电子会迁移到更正的导带，相反，空穴迁移到更负的价带，这样光生电子-空穴对就成功分离，光生电子通过外电路可以有效地到达阴极，被水中质子捕获，产生 H_2。研究者将过渡金属半导体材料，如 PbS、CdS 等禁带较窄的半导体材料与宽禁带半导体 TiO_2 复合，构筑复合光催化剂，用于制备氢气，取得了较大的进展。

此外，由于复合半导体光催化剂两种半导体的导带、价带的带隙不同，会产生禁带宽度之间的交叠，使光生电子-空穴对更容易分离，拓宽对太阳光的吸收波长范围，从而有利于提高光催化制氢的效率。设计复合半导体光催化剂时，为了促进体系光生电子和空穴的分离，要尽可能抑制光生电子和空穴复合，故需要不断地优化复合半导体催化剂的界面。

实现半导体材料复合的方法有很多种。目前，研究者通过对传统的光催化材料进行改性，已经获得了不同体系、可用于光催化制氢反应的复合材料，如 CdS/ZnO、SnO_2/TiO_2 和 CdS/TiO_2 等。本质上，复合材料可以看作是一种材料对另一种材料的修饰，实现这种修饰可以采用多种方法，如包覆、掺杂和插层等。图 5-4 为 CdS-TiO_2-Pt 复合材料光催化制氢的载流子输运示意图。

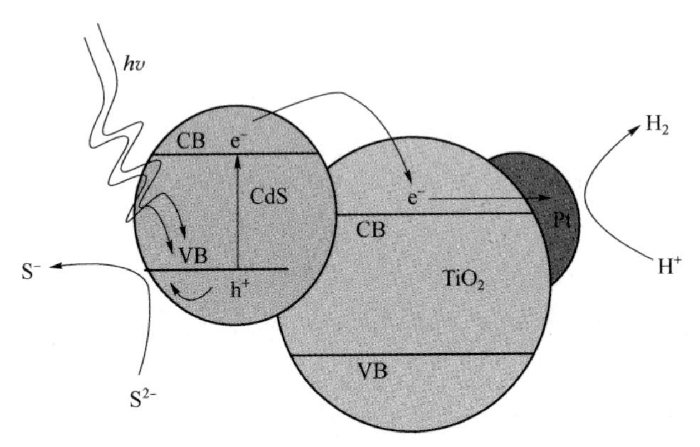

图 5-4　CdS-TiO_2-Pt 复合材料光催化制氢的载流子输运示意图

光催化水制氢技术是一种非常有潜力的技术，可将太阳光作为光催化能源直接产生氢气，而无须消耗能源，有利于促进碳达峰和碳中和目标的实现，因而具有重大意义，然而，当前其面临的最大问题是如何提高太阳光的转换效率。与其他制氢技术相比，光催化制氢存在的主要问题是转换效率太低，且目前的技术也不太成熟，要达到真正使用阶段，还有很长的路要走。

5.2.4　电催化制氢

电催化是指在电场作用下，存在于电极表面或溶液相中的电催化剂能促进或抑制电极上发生的化学反应，而电极表面或溶液相中的电催化剂不发生化学变化的化学作用。电催化反应与常规电化学反应存在较大的不同，常规电化学反应有的只是纯电子转移，而电催化反应既存在催化化学反应，也存在电子转移。电催化反应能使反应条件和反应速率容易控制，在电催化反应中，反应输出的电流决定电催化反应速率大小。

在氧化还原电催化制氢过程中，要使电催化反应较为顺利地进行，对电催化剂有如下要求：①能导电，导电性越好，越有利于氧化还原电催化制氢反应；②与导电材料混合后，在电催化过程中，为电子交换反应提供通道，且不引起严重电压降；③能较好地吸附在电极表面；④氧化还原电位与被催化反应发生的电位接近；⑤与氧气不易反应，即不易被氧化；⑥催化反应过程中，电子可以迅速转移；⑦催化反应可逆，催化剂的氧化态和还原态稳定存在。

非氧化还原电催化制氢过程中，电催化剂在整个电催化过程中不会发生氧化还原反应，电催化剂只是在总的化学反应过程中，产生某种化学生成物或一些其他的电化学活性中间体，使整个电催化活化能降低，这类催化剂包括贵金属及其合金，Pt 是这类催化剂中较为常用的，Pt 金属不仅可以催化制氢，也可以催化一些其他的化学反应。

电催化制氢的电化学反应式如下：

阴极：$2H_2O+2e^- \longrightarrow H_2+2OH^-$

阳极：$4OH^- \longrightarrow O_2+H_2O+4e^-$

总化学反应式：$2H_2O \longrightarrow 2H_2+O_2$

不同的电解环境中，反应速率不同，其产氢过程也有区别，如氢离子在酸性和碱性溶液中，其合成氢气的过程不同。例如，在酸性溶液中，阴极发生反应：$2H^++2e^- \longrightarrow H_2$，阳极发生反应：$H_2 \longrightarrow 2H^++2e^-$；在碱性溶液中，阴极发生反应：$2H_2O+2e^- \longrightarrow H_2+2OH^-$，阳极发生反应：$H_2+2OH^- \longrightarrow 2H_2O+2e^-$。

氢离子在阴极上反应生成氢气经过多个过程。第一步，液相传质过程：H_3O^+（溶液本体）$\longrightarrow H_3O^+$（电极表面液层）。第二步，电化学反应过程：H_3O^+（酸性溶液）$+M+e^- \longrightarrow MH+H_2O$，$H_2O$（碱性溶液）$+e^-+M \longrightarrow MH+OH^-$。第三步，转化过程：①$MH+MH \longrightarrow 2M+H_2$；②$MH+H_3O^++e^- \longrightarrow M+H_2+H_2O$（酸性溶液），$MH+H_2O+e^- \longrightarrow H_2+M+OH^-$（碱性溶液）。第四步，新相形成过程：$2H \longrightarrow H_2$。

电催化制氢过程中，有以下因素影响电催化剂的活性：①电催化剂对电极反应活化有较大的影响，这就要求电催化剂应具有增大反应速率的功能，通过改变化学反应过程使反应活化能降低；②电催化剂与反应粒子之间应具有对应关系，因为电催化反应过程通常会有粒子或中间产物在电极表面吸附或断裂，一般情况下，这个过程对电催化反应速率影响较大；③电催化剂表面的状态也是影响电催化反应速率的一个重要因素，可以通过调节表面缺陷的种类、浓度和晶面取向来调控电催化反应过程。电催化制氢反应中，阴极析氢具有较低的过电位，而阳极析氧的过电位比析氢的过电位高很多，这就导致电催化制氢过程中，析氧反应决定整个反应速率。因此，电催化制氢的关键问题是如何选择适当的电催化剂材料，降低析氧反应的过电位。

目前，用于电催化制氢的电催化剂材料有贵金属、过渡金属及其氧化物、硫化物等。当采用金属氧化物作为电催化剂制备氢气时，氢气在金属氧化物电催化剂上析出，相应的塔菲尔曲线的斜率较低，一般在 30~160 mV/dec，低于金属材料电催化剂的析氢塔菲尔曲线的斜率，其机理如下：首先，质子或水分子在金属氧化物电催化剂吸附，这个过程在不同的电解液中，过程不同，在酸性电解液中：$H_3O^++e^-+M—O \longrightarrow M—OH+H_2O$；在中性或碱性电解液中：$H_2O+e^-+M—O \longrightarrow M—OH+OH^-$。其次，吸附物在电极表面发生化学脱附，在酸性电解液中：M 催化 $OH+H_3O^++e^- \longrightarrow H_2+H_2O+M$ 催化 O；在中性或碱性电解液中：$M—OH+H_2O+e^- \longrightarrow H_2+M—O+OH^-$。

Wang 等研究了 P 掺杂 Co_3O_4纳米棒电催化制氢性能，如图 5-5 和图 5-6 所示。将Co_3O_4纳米棒阵列生长在泡沫 Ni 上，然后采用磷化的方法将 P 掺杂到 Co_3O_4纳米棒中，构成三维电催化水解制氢电极，其表现较好电催化制氢性能，在 1 mol/L KOH 溶液中，当电流密度为 20 mA/cm^2 时，过电位为 260 mV。理论研究表明，掺杂 P 的 Co_3O_4比未掺杂 P 的 Co_3O_4析氧电位低，反应更容易发生。类似地，Li 等人也报道了生长在碳布上的 Co_3O_4纳米棒电催化水解制氢，研究发现，Co_3O_4纳米棒表面有大量的 O 缺陷，这些 O 缺陷可以充当析氢反应的活性位点，使其具有良好的电催化制氢性能。

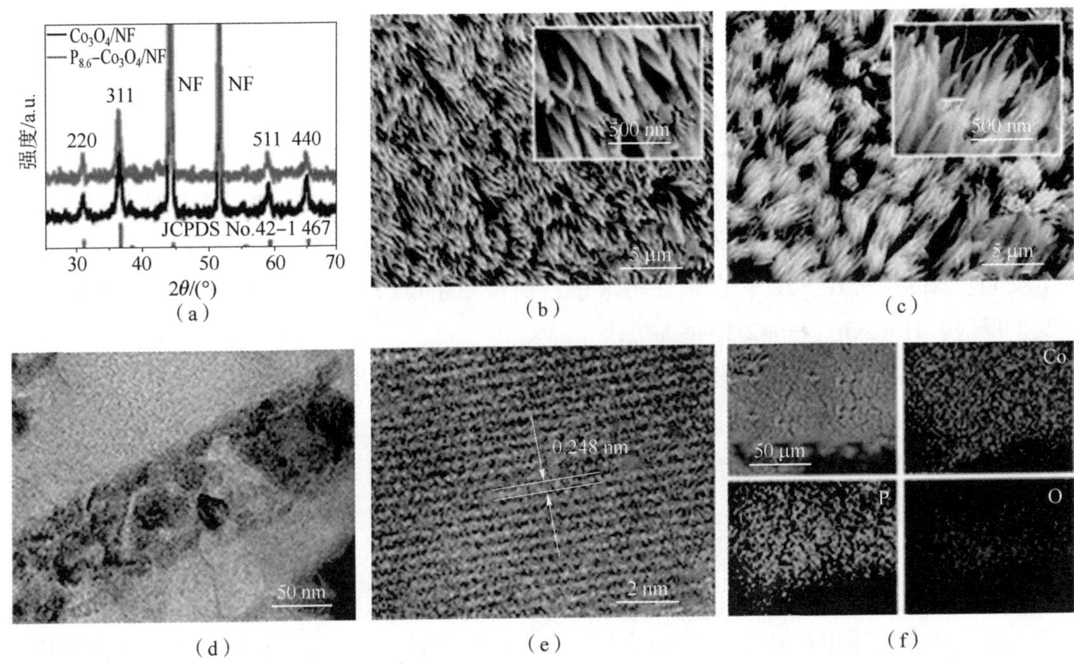

图 5-5 Co_3O_4 纳米棒的结构

(a) XRD；(b)，(c) SEM；(d) TEM；(e) HRTEM；(f) EDS

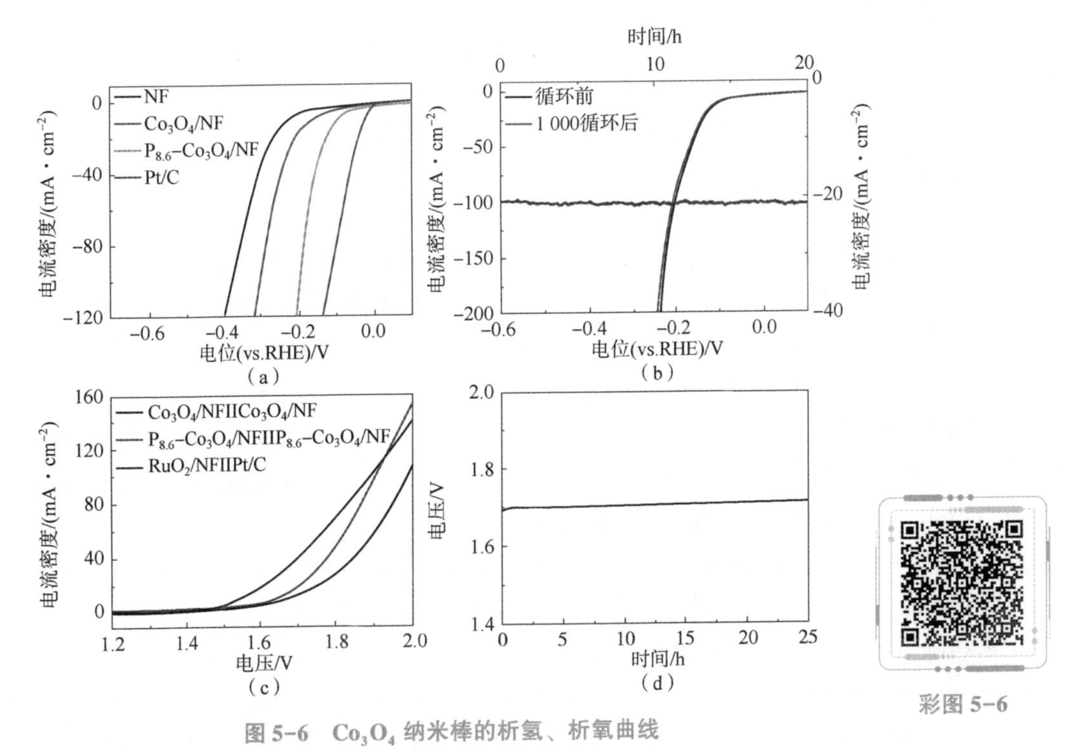

彩图 5-6

图 5-6 Co_3O_4 纳米棒的析氢、析氧曲线

(a) Co_3O_4纳米棒析氢曲线；(b) Co_3O_4纳米棒 HER1 000 个循环前后析氢曲线和计时电位曲线（过电位 140 mV）；(c) Co_3O_4纳米棒析氧曲线；(d) Co_3O_4纳米棒析氧计时电位（电流密度为 20 mA/cm²）曲线

5.3　氢气的存储

5.3.1　储氢的方式

目前，氢气的制备技术已经有了很大的发展，有的制氢技术已经成功产业化，获得大量氢气的技术难度不大，但是由于单位体积内包含的氢气相对较少，氢气占的体积较大，因此氢气的存储较为困难，这也是限制氢气应用走向规模化的技术瓶颈。当前，已经发展的储氢技术主要有物理储氢和化学储氢两类技术。

物理储氢是通过纯粹的物理作用或物理吸附存储氢气的方法，如活性炭吸附储氢和深冷液化储氢等方法。物理吸附主要利用吸附剂的表面张力将氢气吸附到材料表面，它们之间的作用力是范德华力，利用吸附实现储氢的材料有活性炭、沸石分子筛等。目前，碳纳米管、富勒烯和活性炭等多种碳材料储氢技术研究都有了较大的进展。

活性炭比表面积较大，其值可高达 2 000 m^2/g 以上，能较好地实现储氢。采用低温加压技术，可以将氢气吸附到活性炭表面，实现储氢，其特点如下：①储氢量大，活性炭较大的比表面积有利于吸附较多的氢气，同时也可以实现较大量氢气的存储；②活性炭比较容易获得，目前生产大量活性炭的技术比较成熟，成本也不高；③比较容易实现储氢和脱氢。如在-10 ℃、5.5 MPa 条件下，活性炭储氢量可以达到9.5%（质量分数），这也说明了活性炭拥有储氢量大的特点。图 5-7 为碳纳米管吸附储氢示意图。随着碳材料的发展，一些新型的碳材料也可以用于储氢，在这些碳材料中，富勒烯（C_{60}）和碳纳米管（CNT）对氢气具有较强的吸附能力。

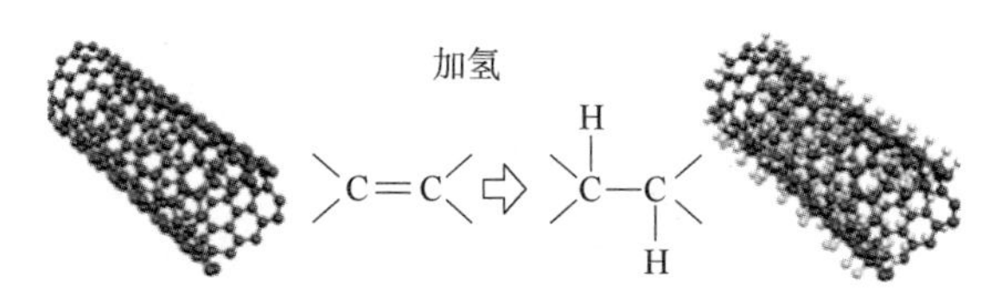

图 5-7　碳纳米管吸附储氢示意图

Nikitin 等人报道了碳纳米管吸附储氢性能。结果表明，碳纳米管的储氢性能取决于碳纳米管的直径，直径大小不同会影响氢气的吸附和脱附。当碳纳米管的直径为 2 nm 时，室温下，碳纳米管储氢后是稳定的，而且近 100% 的碳纳米管都能吸附氢气，其储氢容量约为7%。在 200~300 ℃时，氢气会从碳纳米管处脱附。图 5-8 为氢化后三种材料的结构。

深冷液化储氢也是一种重要的物理储氢技术，该技术将氢气在超低温下和一定的压强下液化，使氢气的体积大大降低，从而实现存储氢气的目的。如在常压和 0 K 温度下，氢气可以被液化，而液化后的液态氢的密度是气态氢的 845 倍。一般情况下，当使用氢气时，再将液态氢变成气体。然而，深冷液化储氢也面临一些关键的技术问题：能量消耗量较大；液态氢的存储和保养技术难度较大，要防止液态氢的挥发、保冷等，这对存储器的材料和结构都带来了较大的挑战，需要在实践过程中，通过研究不断地取得进展。

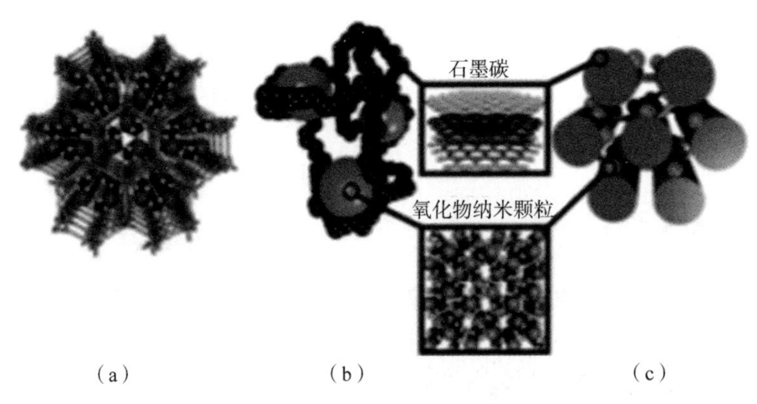

图 5-8　氢化后三种材料的结构

(a) MOF；(b) 碳凝胶；(c) 介孔碳

相对于物理储氢，化学储氢的储氢量更大，也是目前储氢技术发展的重点方向。化学储氢是指通过储氢材料和氢分子之间发生化学反应，生成新的氢化物，而氢化物具有吸氢或释氢的特性。目前研究较多的储氢材料包括过渡金属、合金、金属间化合物等。这些储氢材料存在特殊晶格结构，在一定条件下，容易与氢气发生化学反应，氢原子进入这些材料的晶格间隙中，形成金属氢化物，从而实现大量储氢的目的，在使用氢气时，在一定条件下，氢原子较为容易地脱离储氢材料的晶格，储氢材料释放氢气，这类储氢材料可以存储比其体系大 1 000~1 300 倍的氢气。

化学储氢技术存在以下优点：轻便安全；储氢量大，可以存储自身体积上千倍的氢气。图 5-9 为 4 kg 氢气不同存储方式的容器体积比较，显然，化学储氢技术能够存储较多量的氢气，具有巨大的发展潜力。

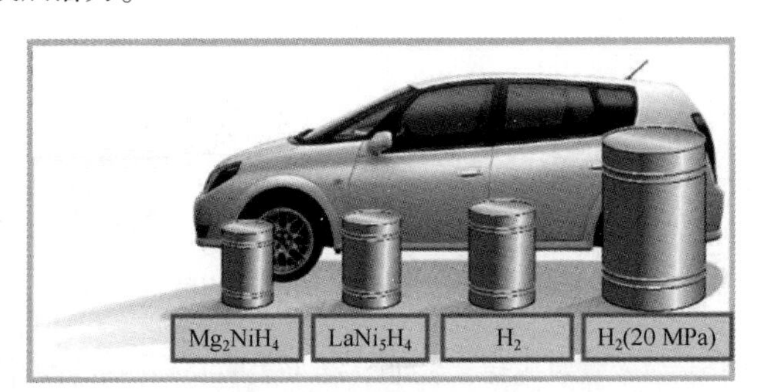

图 5-9　4 kg 氢气不同存储方式的容器体积比较

5.3.2　化学储氢材料性能要求

作为有实用价值的储氢材料应具备以下基本性质要求：储氢量大；平衡氢压适当，吸氢和释氢的速度要快，且 p-C-T（压力-组分-温度）曲线平坦区宽，最好在室温附近，平台的压力在 10 kg/cm 上下；金属氢化物的生成热要适当，否则释氢时需要较高的温度，用于储氢的寿命长，可以长时间稳定地吸氢和释氢，而且在吸氢和释氢的过程中，对不纯物如氧、氮、CO_2 等，不易中毒失效；容易活化，比较容易吸氢和释氢；在吸氢和释氢的过程

中，要求材料粉化小，材料结构稳定性好。此外，从规模化使用的角度来讲，要求用于储氢的材料易得，价格便宜，成本低。

5.3.3 金属氢化物储氢

视频14 金属氢化物储氢原理

氢气能与许多金属、合金或金属间化合物在一定条件下发生化学反应，形成氢化物，释放热量，而得到的金属氢化物在加热的情况下又能释放氢气，其化学反应式如下：

$$\mathrm{M(s)}+\frac{x}{2}\mathrm{H_2}\underset{p_2T_2}{\overset{p_1T_1}{\rightleftharpoons}}\mathrm{MH}_x(\mathrm{s})+\Delta H$$

式中，M为固溶体；ΔH为反应热；p_1，T_1为吸氢时体系所需的压力和温度；p_2，T_2为释氢时体系所需的压力和温度。

上述反应可以用Gibbs相律来描述，在相平衡的条件下，相平衡反应的状态由压力p、组成成分C和温度T决定，因此，可以用相图即p-C-T曲线（图5-10）来分析金属氢化物吸氢和释氢的过程。

从图5-10（a）可以看出，当温度不变时，氢气的压力增大，氢气溶入金属。在A点时，α相中氢气的固溶度达到饱和，α相与氢气发生化学反应，生成β相，当体系中所有的α相完全与氢气反应时，组分达到图中B点，此时，所有的α相均转化为β相，这样AB段就形成了一个平台，对应的压力就是平台压力。在B点后，若对体系进一步提高氢气压力，氢气会继续溶入β相。若起始点为C点，随着氢气压力的下降，气是上述过程的逆过程，即释氢的过程。此外，还可以看出，随着温度的升高，平台对应的压力升高。因此，通过调节体系的温度和压力，可以调控体系的正逆向反应。在实际的储氢材料吸氢和释氢的曲线中，吸氢和释氢并不是完全可逆，会形成滞后回线，吸氢的平台压力总是高于释氢的平台压力，如图5-10（b）所示。

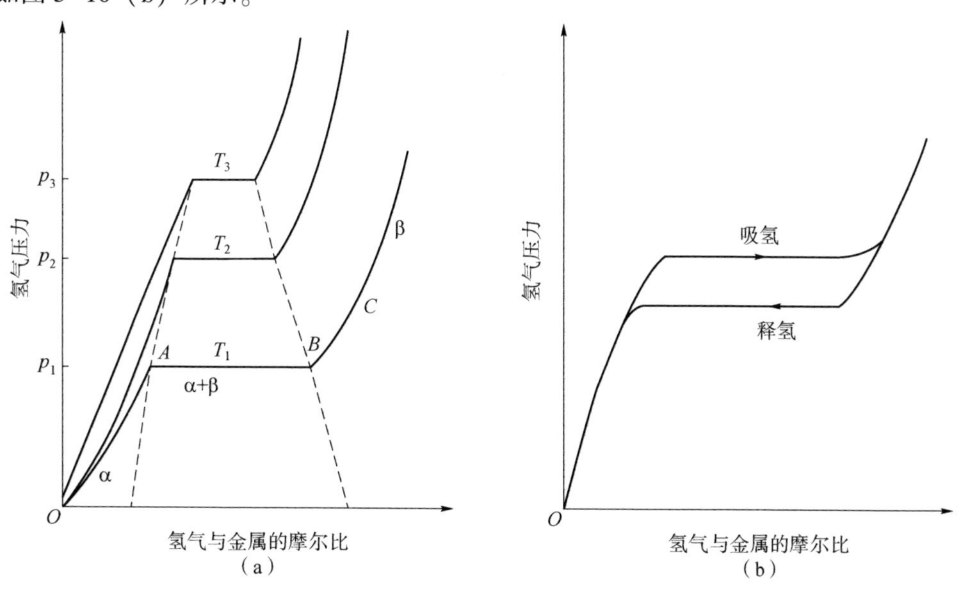

图5-10 储氢合金吸氢和释氢的滞后回线

（a）吸氢滞后回线；（b）释氢滞后回线

5.3.3.1 氢化物的分类

氢和很多元素都可以形成氢化物，根据氢与各类元素之间的相互作用，可以分为如下几类：

(1) 共价键型氢化物：氢与硼及其附近元素形成的氢化物，如 BH_6、AlH_3 等。

(2) 分子型氢化物：氢与非金属元素形成的氢化物，如 NH_3、H_2O 等。

(3) 离子键型氢化物：H 与 Ⅰ A、Ⅱ A 族金属反应形成的氢合物，如 LiH、MgH_2 等。

(4) 金属型氢化物：H 与过渡金属反应形成的氢合物，如 $TiH_{1.7}$。

在上述各类氢化物中，共价键型氢化物由于氢与结合元素只是以共价键连接，稳定性不好，容易分解，故不宜用来存储氢气。

5.3.3.2 影响储氢材料吸储的因素

(1) 活化处理：在制备储氢材料时，材料的表面经常会吸附水和气体等，影响化学反应，因此，经常需要热减压或高压加氢活化处理，以便较好地进行吸氢和释氢。

(2) 耐久性和中毒：储氢材料在反复吸氢和释氢的过程中，材料的性质会衰减，所以材料的耐久性是指储氢材料反复吸氢和释氢的时间，是影响储氢材料性质的重要因素；储氢材料在吸氢的过程中有时会带入不纯物导致其吸氢能力下降，这种现象叫中毒，这也是影响储氢材料性能的一个因素。

(3) 粉末化：储氢材料在长期使用的过程中，反复吸氢和释氢，体积会膨胀或者收缩，导致材料粉末化。

(4) 导热性：储氢材料在长期使用的过程中，会有不同程度的粉末化，导热能力会下降，而氢气吸收和释放过程的热效应要求把热量及时导出。

(5) 滞后现象：在实际的吸氢和释氢的过程中，二者并非完全可逆，会出现滞后现象，在 p-C-T 曲线中形成滞后回线。滞后现象也是影响储氢材料的重要因素，不同的储氢材料，滞后现象不同。

5.3.3.3 储氢合金的种类

将氢与金属反应生成金属氢化物储氢技术是一种新的重要的储氢技术。在一定的压力和温度下，将合金放入氢气气氛中，合金可以吸收大量的氢气，氢原子进入合金的晶格中，与合金形成金属氢化物；当需要氢气时，在适当的温度和压强下，使金属氢化物将氢气从晶格中释放，这类储氢技术与物理储氢技术不同，它在吸氢和释氢时，均发生了化学反应，这类储氢技术具有较高的储氢量和安全性。

目前，已经开发出来的具有使用价值的金属氢化物包括镁系合金、稀土系合金、钛系合金、镍系合金和锆系合金等的氢化物。目前，镁系合金储氢技术发展较快。金属氢化物吸氢和释氢整个过程一般如下：吸氢→物理吸附→化学吸附→界面反应→扩散→生成金属氢化物；释氢→金属氢化物分解→扩散→界面反应→解吸→生成气态氢气。

1. 镁系合金

镁在地壳中含量丰富，MgH_2 可以直接工业利用，价格较低，储氢量较大，在车用储氢材料方面具有较大的应用前景，但是其抗腐蚀能力较差，吸氢和释氢的速度较慢，其过程

如下：

$$Mg+H_2 \xlongequal{} MgH_2$$

为了改善镁系合金存储氢气的性能，可以在镁系合金中加入镍或铜，加速氢化速度，如 Mg_2Ni 释氢的反应速度快，但是储氢量会变小，反应过程如下：

$$Mg_2Ni+2H_2 \xlongequal{} Mg_2NiH_4$$

研究表明，在 Mg_2Ni 中适当地加入其他金属元素 M 形成 $Mg_2Ni_{1-x}M_x$（M＝V，Mn，Co，Fe）或者 $Mg_{2-x}NiM_x$（M＝Al，Cd），存储氢气的性能会变好，因此，把镁系合金多元化，使其构成以 Mg-Ni、Mg-Cu、Mg-La 等二元系为基的三元、多元系合金是改善镁系合金储氢的技术途径。

2. 稀土系合金

稀土金属与氢气反应，生成稀土金属氢化物，这类化合物不易分解，甚至温度高达 1 000 ℃以上也不能分解，不适合用作储氢材料。但是，研究发现，在稀土金属合金化后，在较低的温度下能吸氢和释氢，可以用作储氢材料，而且采用稀土系合金存储氢气具有体积小、质量轻和输出功率大的特征。

稀土镧系合金是典型的储氢稀土合金，其在储氢反应初期，氢化较容易，反应速度快，可以在较低温度下进行吸收/释放氢气反应，而且抗杂质中毒性好。

荷兰 Philips 实验室首先报道了 $LaNi_5$ 储氢材料，其储氢反应为 $LaNi_5+3H_2 \xlongequal{} LaNi_5H_6$，其优点是储氢性能优异，在室温附近，从常压到几十个大气压的范围内，均较容易吸氢和释氢，而且储氢量较大，动力学特性较好，其缺点是易粉化。为了解决这一缺点，通常采用增加合金组元来改善其储氢性能，即组元（纯稀土 La）→混合稀土（Ce、Pr、Nd）、组元（Ni）→Mn、Co、Al、Cu、Cr、Ti 和 B 等元素。图 5-11 为 $Nd_{1.5}Mg_{0.5}Ni_7$ 材料结构。

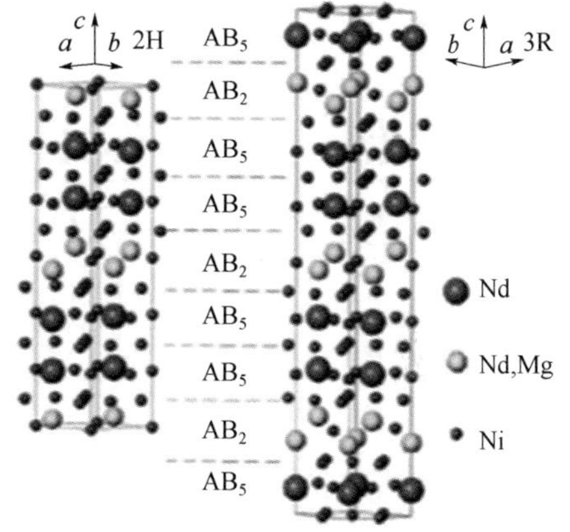

图 5-11　$Nd_{1.5}Mg_{0.5}Ni_7$ 材料结构

3. 钛系合金

用于储氢材料的钛系合金主要有 TiFe、TiMn 等合金，其特点是价格较低廉，相对密度较低，拥有较高的储氢性能。然而，在 TiFe 合金中，如果含氧量增加，储氢性能会显著降低，在 TiFe 合金中适当地加入稀土元素，可以降低 TiFe 合金中的含氧量，提高储氢性能。TiFe 合金储氢特点包括室温下可逆吸氢和释氢、容易被氧化、活化和抗毒能力差。用过渡金属元素（Co、Cr、Cu、Mn、Mo、Ni 和 V）取代少部分 Fe，构成 $TiFe_{1-x}M_x$ 合金系，可以优化 TiFe 合金性能。TiFe 合金储氢反应为 $2.13TiFeH_{0.10}+H_2 \xlongequal{} 2.13TiFeH_{1.04}$；$2.20TiFeH_{1.04}+H_2 \xlongequal{} 2.20TiFeH_{1.95}$。此外，TiFe 合金储氢过程中，容易发生歧化反应：$2TiFe+H_2 \xlongequal{} TiH_2+Fe_2Ti$，歧化反应降低 Ti 含量，影响其储氢性能。

4. 锆系合金

锆系合金用作储氢材料具有较多的优点，如储氢量大、反应速度快、抗中毒性好、循环寿命长、容易活化，但是其成本较高，材料价格高限制了其规模化使用。

目前，已经开发的锆系储氢合金有 ZrV、ZrCr、ZrCo 和 ZrFe 等，其中 ZrCo 和 ZrFe 平衡压力较高，储氢量较小；ZrV 和 ZrCr 储氢量较大，但平衡压力较小。通常采用优化合金组元来提高锆系合金的储氢性能。

除了上述典型的储氢材料，人们还开发了其他多种储氢材料，如碱金属配合物储氢材料、氨基氢化物储氢材料、氨硼烷储氢材料和纳米储氢材料等。

5.3.3.4 储氢合金的应用

利用储氢材料的可逆吸氢和释氢性能，可以进行氢能的存储和使用，而且利用此过程中热效应和平衡压特性，可以进行化学能、热能和机械能之间的转换，如金属氢化物在吸氢和释氢的过程中，伴随着热的释放和吸收，可以作为热力功能应用。在金属氢化物吸氢过程中，有电化学能的变化，这可直接产生电能。利用这个性能，可开发金属氢化物电池，这是目前金属氢化物的一种典型应用。

1. Ni-MH 电池

金属氢化物吸氢和释氢过程中，伴随着电化学能的变化，可以研制金属氢化物-金属电池，其中 Ni-MH 电池是目前比较受关注的金属氢化物-金属电池，它是一种化学电池，其充放电基本原理如图 5-12 所示，其中储氢合金为电池的负极，NiOOH 为正极活性物质，电解液为碱溶液（KOH 水溶液）。特别注意的是，在设计 Ni-MH 电池时，为了避免过充，正极析出氧气，产生氧化合金，这需要正极限容，负极过量，也就是负极的容量要超过正极容量。

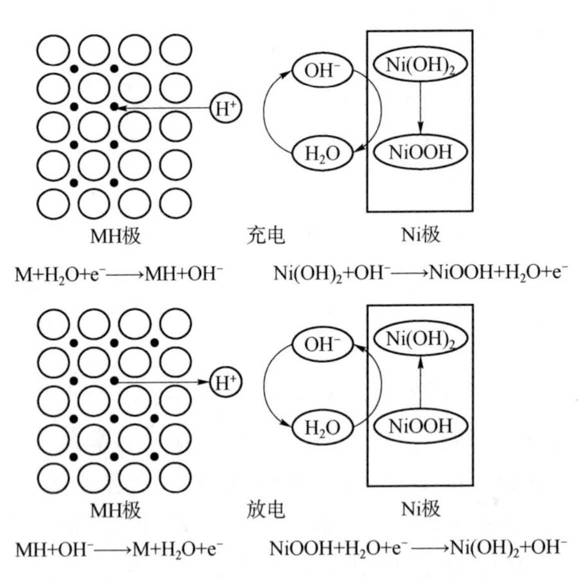

图 5-12 Ni-MH 电池充放电基本原理

Ni-MH 电池优点如下：①存储能力极强，能存储自身体积 100 倍的氢气；②能量密度大，其容量约为镍镉电池的 2 倍；③充电速度快，用专门的充电器可在一小时内快速充电，无记忆效应；④环保，不含汞和镉等有毒元素，是一种新型环保的电池。但是，Ni-MH 电池价格高限制了其规模化实际应用。目前，Ni-MH 电池的研究重点包括：①无钕储氢合金及无钕 Ni-MH 电池；②宽温区 Ni-MH 电池；③钒钛储氢合金等。

2. 氢能汽车

采用氢燃料发动机是氢能的一个重要应用，故储氢材料也可以作为氢能汽车的氢气来源。氢能汽车的开发引起大家的关注，作为一种新能源汽车，完全有潜力成为代替汽油的新型汽车。根据氢气的使用方式，氢能汽车类型可以分为放置储氢合金的储氢箱型、直接燃烧氢的储氢箱型、利用镍氢电池的电动型和以氢气燃料电池为动力的燃料电池型。

思　考　题

1. 总结氢能主要使用的领域。氢能在实际应用面临哪些主要问题？
2. 光解水制氢的原理是什么？电催化水制氢的原理是什么？
3. 结合前面学习的新能源器件，你能设计出新的制氢系统吗？
4. 氢能的存储面临哪些主要问题？
5. 合金储氢的原理是什么？根据元素周期表，你认为哪些合金储氢的性能可能好些？

参　考　文　献

[1] LIU H, LIU S. Life cycle energy consumption and GHG emissions of hydrogen production from underground coal gasification in comparison with surface coal gasification [J]. International Journal of Hydrogen Energy, 2021, 46 (14): 9630-9643.

[2] LIU H, LIU S. Exergy analysis in the assessment of hydrogen production from UCG [J]. International Journal of Hydrogen Energy, 2020, 45 (51): 26890-26904.

[3] LI W, HE S, LI S. Experimental study and thermodynamic analysis of hydrogen production through a two-step chemical regenerative coal gasification [J]. Applied Science, 2019, 9 (15): 3035.

[4] AZIZ M, ZAINI I N, ODA T, et al. Energy conservative brown coal conversion to hydrogen and power based on enhanced process integration: Integrated drying, coal direct chemical looping, combined cycle and hydrogenation [J]. International Journal of Hydrogen Energy, 2017, 42 (5): 2904-2913.

[5] CHEN S J, ZHANG Q, NGUYEN H D, et al. Direct 2D cement-nanoadditive deposition enabling carbon-neutral hydrogen from natural gas [J]. Nano Energy, 2022 (99): 107415.

[6] YOU C, KWON H, KIM J. Economic, environmental, and social impacts of the hydrogen supply system combining wind power and natural gas [J]. International Journal of Hydrogen Energy, 2020, 45 (46): 24159-24173.

[7] NAZIR S M, CLOETE J H, CLOETE S, et al. Pathways to low-cost clean hydrogen production with gas switching reforming [J]. International Journal of Hydrogen Energy, 2021, 46 (38): 20142-20158.

[8] MA Y, GUO Z, DONG X, et al. Organic proton-buffer electrodeto separate hydrogenand oxygen evolutionin acid water electrolysis [J]. Angewandte Chemie International Edition, 2019, 58 (14): 4622-4626.

[9] CARMONA-MARTíNEZ A A, TRABLY E, MILFERSTEDT K, et al. Long-term continuous production of H_2 in a microbial electrolysis cell (MEC) treating saline wastewater [J]. Water Research, 2015 (81): 149-156.

[10] LI B, YANG H, WEI L, et al. Hydrogen production from agricultural biomass wastes gasification in a fluidized bed with calcium oxide enhancing [J]. International Journal of Hydrogen Energy, 2017, 42 (8): 4832-4839.

[11] KUO J H, LIN C L, CHANG T J, et al. Impact of using calcium oxide as a bed material on hydrogen production in two-stage fluidized bed gasification [J]. International Journal of Hydrogen Energy, 2016, 41 (39): 17283-17289.

[12] WANG J, YIN Y. Fermentative hydrogen production using various biomass-based materials as feedstock [J]. Renewable and Sustainable Energy Reviews, 2018 (92): 284-306.

[13] HISATOMI T, KUBOTA J, DOMEN K. Recent advances in semiconductors for photocatalytic and photoelectrochemical water splitting [J]. Chemical Society Reviews, 2014, 43 (22): 7520-7535.

[14] GAO C, WEI T, ZHANG Y, et al. A Photoresponsive rutile TiO_2 heterojunction with enhanced electron-hole separation for high-performance hydrogen evolution [J]. Advanced Materials, 2019, 31 (8): 1806596.

[15] JIN J, WANG C, REN X N, et al. Anchoring ultrafine metallic and oxidized Pt nanoclusters on yolk-shell TiO_2 for unprecedentedly high photocatalytic hydrogen production [J]. Nano Energy, 2017 (38): 118-126.

[16] SOLAKIDOU M, GIANNAKAS A, GEORGIOU Y, et al. Efficient photocatalytic water-splitting performance by ternary CdS/Pt-N-TiO_2 and CdS/Pt-N, F-TiO_2: Interplay between CdS photo corrosion and TiO_2-dopping [J]. Applied Catalysts B: Environmental, 2019 (254): 194-205.

[17] WANG H, CHEN F, LIW, et al. Gold nanocluster-sensitized TiO_2 nanotubes to enhance the photocatalytic hydrogen generation under visible light [J]. Journal of Power Sources, 2015 (287): 150-157.

[18] TOLOMAN D, PANA O, STEFANM, et al. Photocatalytic activity of SnO_2-TiO_2 composite nanoparticles modified with PVP [J]. Journal of Colloid and Interface Science, 2019 (542): 296-307.

[19] WANG Z, LIU H, GE R, et al. Phosphorus-doped Co_3O_4 nanowire array: A highly efficient bifunctional electrocatalyst for overall water splitting [J]. ACS Catalysis, 2018, 8 (3): 2236-2241.

[20] LI S, FAN J, LI S, et al. In situ-grown Co_3O_4 nanorods on carbon cloth for efficient electrocatalytic oxidation of urea [J]. Journal of Nanostructure in Chemistry, 2021, 11 (4): 735-749.

[21] NIKITIN A, LI X, ZHANG Z, et al. Hydrogen storage in carbon nanotubes through the formation of stable C—H bonds [J]. Nano Letters, 2008, 8 (1): 162-167.

[22] SCHNEEMANN A, WHITE J L, KANG S Y, et al. Nanostructured metal, hydrides for hydrogen storage [J]. Chemical Reviews, 2018, 118 (22): 10775-10839.

[23] ZHANG Q, ZHAO B, FANG M, et al. $(Nd_{1.5}Mg_{0.5})Ni_7$-based compounds: Structural and hydrogen storage properties [J]. Inorganic Chemistry, 2012, 51 (5): 2976-2983.